油气资源开发利用与储运新技术

赵永亮　刘邦年　杨 亮　著

吉林科学技术出版社

图书在版编目(CIP)数据

油气资源开发利用与储运新技术 / 赵永亮,刘邦年,
杨亮著. — 长春:吉林科学技术出版社,2022.9
ISBN 978-7-5578-9806-9

Ⅰ.①油… Ⅱ.①赵… ②刘… ③杨… Ⅲ.①油气田
开发 ②石油与天然气储运 Ⅳ.①TE3 ②TE8

中国版本图书馆 CIP 数据核字(2022)第 179520 号

油气资源开发利用与储运新技术

著　　赵永亮　刘邦年　杨　亮
出 版 人　宛　霞
责任编辑　刘　畅
封面设计　李若冰
制　　版　北京星月纬图文化传播有限责任公司
幅面尺寸　170mm×240mm
字　　数　205 千字
印　　张　12.25
印　　数　1-1500 册
版　　次　2022年9月第1版
印　　次　2023年3月第1次印刷

出　　版　吉林科学技术出版社
发　　行　吉林科学技术出版社
地　　址　长春市福祉大路5788号
邮　　编　130118
发行部电话/传真　0431-81629529 81629530 81629531
　　　　　　　　　 81629532 81629533 81629534
储运部电话　0431-86059116
编辑部电话　0431-81629518
印　　刷　三河市嵩川印刷有限公司

书　　号　ISBN 978-7-5578-9806-9
定　　价　85.00元

作者简介

赵永亮，男，汉族，1978年7月出生，籍贯为安徽省淮北市。毕业于安徽理工大学，本科学历。现就职于安徽祥源科技股份有限公司，高级工程师职称，担任陆上油气管道运输业评价技术负责人。主要研究方向为油气长输管道输送技术。

刘邦年，男，汉族，1975年12月出生，籍贯为安徽省蚌埠市。毕业于电子科技大学，专科学历。现就职于安徽祥源科技股份有限公司，高级工程师职称。主要研究方向为油气资源开采及储运工程电气自动化技术。

杨亮，男，汉族，1989年2月出生，籍贯为安徽省合肥市。毕业于常州大学，研究生学历。现就职于安徽祥源科技股份有限公司，高级工程师职称。主要研究方向为油气开采及长输管线安全技术及工程。

前　　言

　　石油、天然气是保障经济社会发展质量的重要能源支撑,油气资源的开发利用对于国家和地区的发展具有十分重要的作用。油气储运是油气资源开发过程中极为重要的环节之一,因此油气储运技术的研究工作得到了社会各界的广泛重视。随着科技的不断进步,建筑行业、金属焊接工艺等配套技术得到高速发展,这些都为油气储运技术的进步提供了良好的条件,我国油气储运技术由此得到提升。

　　本书以"油气资源开发利用与储运新技术"为选题来探讨相关内容。全书共分为六章,第一章解读中国能源转型及其发展战略,内容包括世界能源转型与发展战略、中国油气的可持续发展战略、中国油气储运技术的发展趋势;第二章是油气资源开发的理论与技术,内容涵盖油气的基本性质、油气资源的富集与产出、油气资源开发的技术;第三章分析海洋油气资源开发利用的生态机制与共同发展,内容涉及海洋油气资源开发利用的发展战略、海洋油气资源开发利用的生态损害与补偿机制、海洋油气资源开发利用的共同发展路径;第四章研究北极油气资源开发利用与技术创新,主要包括北极地区的油气资源潜力与价值、北极油气资源开发利用的参与意义、北极油气资源的参与路径与技术创新;第五章探索油气储运的安全装备与技术措施,内容包括油气储运的安全装备、油气集输系统的安全技术与措施、油气管道运行的安全技术与措施、油气仓库储油的安全技术与措施;第六章是油气储运的创新技术发展研究,论述油气储运系统的节能技术、油气储运系统的自动化发展、油气储运产业的物联网应用。

　　全书内容丰富详尽、结构逻辑清晰,基于资源的可持续发展理念,对油气资源的开发利用与储运技术进行解读,以推进相关新技术的产生与应用,保障环境、安全、经济等多个方面的协调发展,并建立高效、全面、科学的开发利用机制和技术研究机制。

　　本书在撰写过程中,经过多次推敲与修改,但由于笔者水平有限,难免存在疏漏之处,恳请广大读者批评指正。

目　录

第一章　中国能源转型及其发展战略

第一节　中国能源转型与发展战略

能源是人类赖以生存的根本,它直接关系到国民经济的可持续发展及社会的和谐稳定。我国能源体系的发展目标是清洁低碳、安全高效,而实现这个目标的主要途径是能源生产转型和能源消费革命。同时,瞄准 2035 年、2050 年我国经济建设与社会发展目标,展望未来能源发展形势,明确可持续、协调的能源供给体系也势在必行。

一、世界能源的转换与发展趋势

(一)世界能源的重大转换

(1)第一次能源重大转换。18 世纪前,人类只限于对风力、水力、畜力、薪柴等天然能源的直接利用,特别是薪柴在世界一次能源消费结构中长期占据主体地位。18 世纪后期,第一次工业革命引发各领域的技术创新和产业兴起,随着蒸汽机的发明,煤炭得到大规模的应用,并替代薪柴成为主体能源,自此完成从薪柴到煤炭的第一次能源重大转换。

(2)第二次能源重大转换。19 世纪末期,内燃机的发明推动了石油化工产业发展,1965 年石油取代煤炭成为第一能源,自此完成从煤炭到油气的第二次能源重大转换。化石能源的发现和利用极大地提高了劳动生产率,使人类由农耕文明进入工业文明,推动人类社会大繁荣、大发展,但与此同时,也带来了日益严重的环境污染和气候变化问题,迫使人们反思只讲发展不讲保护、只讲利用不讲修复的发展方式。

(3)第三次能源重大转换。随着科学技术的发展和"双碳"目标的提出,在技术和政策的双重驱动下,世界能源步入低碳转型,自此开启从传统化石能源到新能源的第三次能源重大转换。

从以上三次能源重大转换历程可以看出,能源发展就是主体能源不断更替升级、能源转化利用方式不断进步提升的过程。在此过程中,主体能源的能量密度不断提高,碳排放强度逐渐降低,技术依赖性不断增强。在碳中和目标下,世界能源将加速低碳转型,传统化石能源占比快速下降,非化石能源加速成为主体能源,能源消费结构将由煤炭、石油、天然气和新能源"四分天下"最终发展成为以新能源为主的"一大三小"新格局。但是,能源转型又是一个漫长的、渐进的过程,在未来很长一段时间内,石油、天然气、新能源、煤炭都将在世界能源体系中占据重要的份额。

(二)世界能源的发展趋势

世界能源的发展趋势,如图 1-1 所示。

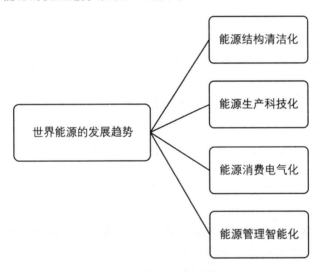

图 1-1 世界能源的发展趋势

(1)能源结构清洁化。上述三次能源重大转换都具有低碳化、清洁化的特征,特别是正在进行的第三次能源重大转换,以更加清洁的新能源替代二氧化碳排放密集的化石能源,更加显著地体现了能源结构清洁化的特征。能源结构清洁化又可以细分为能源清洁化和清洁能源化两个阶段。短期内传统化石能源仍然占据主导地位,能源结构清洁化更多的是低碳化石能源替代高碳化石能源,以及高碳化石能源自身的清洁开发利用;长期而言,能源发展必然走向清洁能源化,风能、太阳能、核能等新能源是第三次能源转换的最终归宿。

（2）能源生产科技化。当前以科技化为导向的能源革命，将重塑世界能源版图，使每个国家都有可能凭借掌握关键核心技术来实现能源独立。

（3）能源消费电气化。人类使用薪柴和煤炭都是以直接燃烧利用热能为主；随着蒸汽机和内燃机的发明，能源利用向动能转换；后又随着电磁感应的发现，能源利用开启了电气化时代。在碳中和目标下，能源使用将加快从以一次直接利用为主转变为以电气化二次利用为主，化石能源作为能源载体的直接使用量将逐步减少。预计到 2050 年，电能将成为最主要的能源载体，占全球能源消费量的比重将超过 50％。各行业电气化水平也将大幅提升；建筑业电气化率将从当前的 32％上升到 73％；工业电气化率将从26％上升到 35％；交通业电气化率将从 1％跃升到 49％。

（4）能源管理智能化。以大数据、物联网、人工智能为核心的信息技术正在重塑全球竞争格局，对能源转型也起到了巨大的推动作用。能源技术与信息技术的深度融合，将推动能源行业数字化转型、智能化发展，创新能源管理模式。构建能源互联网，实现能源互联、智能管理和调配，从集中式利用发展为智能化平衡用能，以清洁、智能、高效为核心的"新能源"+"智能源"是世界能源转型的必然趋势。

二、中国能源的转型目标

"能源转型是一次全球的技术创新竞赛。"[①]面对能源总量需求增长放缓，能源体系的结构性、体制机制性等深层次矛盾进一步凸显的挑战与问题，大力推动我国能源结构转型与优化至关重要，势在必行。因此，要推进能源生产和消费革命，构建清洁低碳、安全高效的能源体系，加快我国能源生产与消费革命，从而实现能源结构性优化改革。此外，还要坚持新发展理念，遵循能源安全新战略思想，按照高质量发展的要求，以推进供给侧结构性改革为主线，推动能源发展质量变革、效率变革和动力变革。

我国积极应对资源短缺、环境污染、气候变化等严峻挑战，制定的中国能源的转型目标，如图 1-2 所示。

① 何继江.中国能源转型路线图的思考[J].能源,2018(Z1):53.

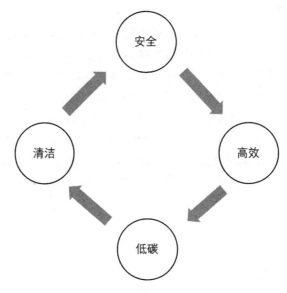

图 1-2　中国能源转型的目标

（1）安全。安全是指不受威胁，没有危险、危害、损失以及人类的整体与生存环境资源的和谐相处，互相不伤害、不存在危险的隐患，而能源安全是国家安全的重要组成部分，是关系国家经济社会发展和人民根本利益的全局性、战略性问题。为保障能源供应安全，我国提出在 2030 年能源自给能力保持在较高水平的目标。

（2）高效。高效是指能源的生产、转化、运输和消费环节都应该充分利用现有技术，做到经济、节约和高效。能效水平提升是世界能源发展的趋势和目标。我国提出在 2050 年达到世界先进水平的节能目标，并提出 2030 年能源消费总量分别控制在 50 亿、60 亿吨标准煤以内，2050 年实现能源消费总量基本稳定。

（3）低碳。低碳是指在倡导一种低能耗、低污染、低排放为基础的经济模式，减少有害气体排放。我国政府已经就碳排放向国际社会做出庄严承诺，将在 2030 年左右实现碳排放达峰，这是我国建设生态文明和美丽家园的内在要求，更是体现大国担当、推进人类命运共同体构建的崇高使命。

（4）清洁。清洁是指能源的生产、传输和消费的全生命周期都应是低污染的，要尽可能减少由能源生产和浪费引起的各种污染物排放。良好的生态环境已经成为人民生活不可或缺的条件。

三、中国能源的发展战略

(一)各区域能源中长期发展战略重点

各区域能源中长期发展战略重点,如图1-3所示。

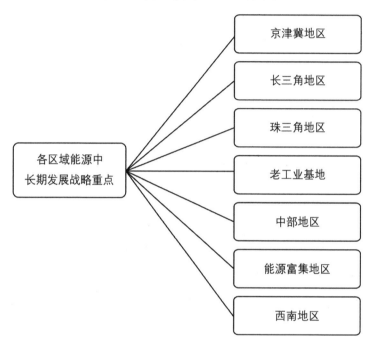

图1-3　各区域能源中长期发展战略重点

1.京津冀地区

京津冀地区是中国北方经济规模最大、最具活力的地区,是我国最重要的城市群之一。近年来,京津冀地区社会经济的快速发展,带来了能源需求总量的持续增长,加剧了区域能源供应的对外依赖程度,总体呈现能源偏紧的局面。京津冀地区仍面临空气污染、水资源短缺、水资源污染、水资源过度开发等严峻挑战,且生态环境污染具有区域间输运的特征。生态修复与环境改善是京津冀协同发展的三大率先突破领域之一,因此需解决区域内大量煤炭尤其是散煤消耗和油气燃烧过程中的污染物排放问题。

面向2035年,实现能源与经济、环境的协同发展将是京津冀地区打赢"蓝天保卫战"的重中之重。同时,区域能源生产和消费结构的改善将促进产业链上下游及关联产业的发展,有利于打造区域经济发展的新增长点,助力区域形成"高精尖"的产业结构。

2. 长三角地区

长三角地区的化石能源消费量,尤其是煤炭消费量在区域能源消费结构中占比较大。长三角地区的能源需求体量庞大,高度依赖区域外输入,能源保供面临巨大压力,能源基础设施有待完善,地区间的专业化分工水平不高。目前,长三角能源一体化发展取得一些成效,但地方行政壁垒依然存在,在能源规划建设和环境保护等方面存在一定的协同性不足,需突破一系列体制机制障碍,转变能源区域发展模式,更好地服务当地雾霾治理和生态文明建设等公共服务领域。随着现行能源管理体制和能源市场化发展要求之间的矛盾越发显现,能源市场需要进一步培育和完善。长三角各地能源产业专业化分工水平依然不高,整体联动效应尚未充分发挥,新能源汽车、节能环保、新一代能源信息技术、能源新材料和能源高端装备等战略性新兴产业的重合度较高,产业结构趋同较为明显,难以深入开展产业协作与分工,良好的产业链条和产业阶梯层次也难以形成。

面向 2035 年,应依托长三角一体化发展示范区,打造长三角能源一体化先行示范区,推动现代化能源大系统建设,率先实现国家提出的"互联网+"智慧能源发展战略:以打破行业壁垒、省际壁垒为重点,实现互联互通、多能协同、区域联动。

3. 珠三角地区

珠三角地区是我国改革开放的先行区,是我国对外开放的重要窗口。珠三角地区的能源消费量大,化石能源主要依赖省内外调入和进口,原油主要来自南海油田、进口和外省调入,电力供应整体对外依存度高。珠三角地区的重点是构建清洁能源产储运基地,依托香港、澳门作为自由开放经济体和广东作为改革开放排头兵的优势,珠三角地区将继续深化改革、扩大开放,在构建经济高质量发展的体制机制方面走在全国前列,发挥示范引领作用,加快制度创新和先行先试,建设现代化经济体系,更好地融入全球市场体系,建成世界新兴产业、先进制造业和现代服务业基地,建设世界级城市群。

面向 2035 年,珠三角地区要以扩大开放契机,构建清洁能源产储运基地:①利用沿海清洁能源的资源优势,发展海上风电等,实现增量需求主要依靠清洁能源,推动清洁能源成为能源增量主体,开启低碳供应新时代;

②积极借助政治的发展契机,深化能源产业跨境合作,实施能源开放合作工程,拓展能源供应渠道和发展空间,进一步扩大境外能源资源利用,建成国家能源运转枢纽和南方区域能源运转中心;③充分发挥东西两翼沿海地区的港口优势,依托深圳、中山、佛山、东莞的新能源产业基地,有序推进东西两翼沿海大型骨干支撑电源建设,促进能源结构合理化,确保能源输入和输出。

4.老工业基地

老工业基地的重点是以能源高值化、多元化推进经济转型。老工业基地是我国重要的能源基地,是我国实施西部大开发的重点区域。东北地区能源生产行业和能源密集型行业所占比例大,化石能源消费比例高。山西煤炭行业优势明显,第三产业蓬勃发展,但产业结构仍需优化。目前,老工业基地的化石能源产品深加工、精加工和转化率偏低,产品附加值和科技含量依然较低,如煤炭和石油的产业链延伸不够充分,存在初级产品多而后续精细化产品少的显著缺陷。由于产业链短,产品附加值低,产品绝大多数居于产业链上游,主要依靠省外市场拉动,主动调控的空间有限。

面向2035年,老工业基地需要:①大幅提高煤炭和石油资源的深加工能力,延伸产业链,提高产品附加值;②推动区域内能源多元化发展,包括建设废弃矿区资源综合利用示范工程,发展多能互补技术、促进清洁能源消纳,推进风电供暖行业发展以增加风电消纳,有序推进燃煤电厂生物质掺烧规模化发展、降低碳排放;③利用可再生能源项目基础设施建设、电网连接、设备安装、电站运营管理等投资活动带动传统产业转型升级,推动新兴产业发展,促进宏观经济发展,拉动就业,改善生态环境。

5.中部地区

中部地区的重点是优化能源和产业结构,打造综合能源枢纽。中部地区是我国经济发展的第二梯队,是重要的能源输送通道和能源供给保障区。区域内能源资源分布极不平衡,如煤炭资源总体缺乏,水资源丰富,是我国重要的水电工业基地。"中部崛起"是继我国东部沿海开放、西部大开发、振兴东北等之后又一重要的国家经济发展战略。在我国区域发展总体战略中,中部地区区位优势明显,起着"承东启西"的作用。

面向2035年,中部地区要加强交通、能源等领域的基础枢纽设施建设,既可以服务于长三角、珠三角经济带,扭转全国运输、电力供应紧张的局面,又可以使中部地区更好地为西部大开发、振兴东北老工业基地、东部产业转移战略的顺利实施发挥支撑和纽带作用。总之,推进中部地区发展,要以"四个革命、一个合作"的能源安全新战略为引领,重点打造中部综合能源枢纽,使之成为"中部崛起"的引擎。

6.能源富集地区

能源富集地区的重点是建成绿色可持续的能源安全保障基地。能源富集地区,是我国"西煤东运""西气东输""西电东送"的重要基地,是保障我国能源安全的重要基石。自改革开放和西部大开发以来,能源富集地区得到了快速发展,但资源型经济发展模式仍占主导地位。从区域内发展来看,能源化工行业同质化竞争明显。

面向 2035 年,能源富集地区的发展需借助能源优势,以能源革命为抓手,推进能源开发利用与生态环境协调发展,支撑区域经济社会绿色可持续发展;以生态环境承载力为约束条件,侧重能源供应侧的革命,科学开发能源资源,加强能源系统集成,同时加强与能源输入区域间的协调,提升能源输出质量,从而为我国其他地区的发展提供不懈动力;提升本地能源利用质量,提高能源产业附加值,推动地区经济稳步发展,减少能源利用带来的环境破坏,变被动为主动,以能源行业的发展积极反哺生态环境发展。

7.西南地区

西南地区的重点是清洁能源消纳,共享发展成果。西南地区通过积极开发利用水能、矿产等资源,使地区经济整体呈现平稳快速增长。从中长期来看,四川和云南的清洁电力生产将持续大于本地电力消纳能力;四川的水能、光伏等资源均有开发余量,未来的电力装机容量将明显增长;云南的水能、风能、太阳能十分丰富,近期将继续开发水电资源,远期将发展光伏和风电。

面向 2035 年,西南地区应通过分阶段推进清洁能源资源在区域内和全国范围内的优化配置与消纳,带动本区域清洁能源相关产业发展,推动就业、税收、扶贫、基础设施等方面的发展完善,最终实现经济社会的共享发展。

(二)各区域能源中长期发展的优化策略

(1)重视能源发展差异,因地制宜、精准推进能源革命。在能源生产、消费、输入和输出等方面,各区域存在显著差异,应在推进区域协调发展和能源革命的过程中,结合具体情况,分地区精准推进,实现区域的高质量发展。

京津冀、长三角、珠三角地区,应重点从能源消费侧入手,引领区域经济结构调整,率先建立清洁低碳、安全高效的能源体系;中部地区与老工业基地应着重通过产业结构调整和工业技术升级,淘汰落后产能,实现先进制造业的发展;能源富集地区、西南地区则应着眼于能源供应侧与消费侧的协调发展,保障其他地区的能源供应,同时加强区域内高附加值产业的发展。

(2)统筹推进"五位一体"总体布局,以区域能源革命推动区域经济社会发展和生态环境保护。区域经济社会发展和生态环境保护离不开能源的支撑保障与协调发展,各区域能源资源禀赋特点差异较大,经济社会发展和生态环境现状也不尽相同。在全面推进能源革命的过程中,必须与区域具体发展战略相结合,统筹好区域经济社会发展和生态环境保护。

京津冀、长三角、珠三角地区,应在能源转型发展过程中,更加关注生态环境保护;老工业基地和能源富集地区在提升能源开发利用对经济的推动作用的同时,注重生态环境的保护;中部地区和西南地区更需发挥能源开发利用对经济的推动作用。

(3)以推动区域协调发展为抓手,实现区域间能源协作与合作共赢;结合各区域资源禀赋、能源系统现状、经济社会发展现状及潜力、基础设施建设等,综合考虑能源安全、生态环境等因素,兼顾社会公平,统筹推进跨地区的能源协作。

京津冀、长三角、珠三角地区,应加强区域能源协调发展,推动实现区域间能源调度匹配,做好主要区域"全国一盘棋"的协同、智慧发展,实现区域间的合作共赢。京津冀、长三角地区应通过加强与其他区域能源协助,保障区域内能源安全稳定供应;老工业基地、能源富集地区和西南地区应发挥能源资源禀赋特点,担负国家能源安全供应保障重任;珠三角、中部地区应利用良好的地缘优势,打造能源储运基地或综合枢纽,通过区域能源革命与区域间能源协作,扎实推进我国的能源革命进程。

第二节 中国油气的可持续发展战略

实现碳中和,对油气行业来说,既是前所未有的挑战,也是前所未有的机遇。我国油气行业需要察势而明、趋势而动、因势而谋、乘势而上,坚持以正确的战略引领可持续发展。

一、坚持"国内稳油增气"战略

坚定不移立足国内,加大勘探开发力度,促进国内油气增储稳产上产。我国的剩余油气资源量和储量,能够支持石油稳产和天然气增产,但当前油气生产总体上还比较困难,需要解决资源接替、技术"瓶颈"、成本过高等一系列难题。

国内油气生产需要坚持常非并举、深浅并重,完成从常规油气向非常规油气,陆上油气向海上油气开发,中浅层向深层、超深层开采的"三大跨越",实现资源有序接替。贯彻"稳定东部、发展西部、加快海上"的方针,东部老油田还需深耕细作持续挖潜,通过大幅提高采收率实现老油田持续健康发展;西部新区需加强风险勘探,重点攻关大型气田,寻求大突破、大发现,持续攻关非常规油气勘探开发,促进非常规油气产量大幅提升;海域方面需加强资源评价和目标优选,大力发展勘探开发关键技术和工程装备,加快海洋及深水油气勘探开发。

二、坚持"天然气大发展"战略

目前,全球已进入漫长的能源转型期,天然气是从化石能源向可再生能源转变的"最佳伙伴"。我国天然气行业正处于发展"鼎盛期",预计2035—2040年,天然气将成为我国第一大化石能源。因此,我们必须把天然气作为重点发展的清洁低碳能源,大力发展天然气产业,加强上下游合作,不断完善产供储销体系,推动天然气替代传统高碳化石能源,支撑并满足经济社会发展对能源消费量增长的需求。

我国应持续加大国内天然气勘探开发力度,积极获取海外优质天然气资源,推动进口液化天然气、进口管道气多元化发展,加强基础设施和应急调峰能力建设,稳步提高天然气储备能力。大力发展天然气发电,做好与新能源协同发展的"最佳伙伴"。加快推进天然气发电装机和并网,为可再生能源发电提供调峰支持,积极参与可再生能源领域投资,形成因地制宜、多能融合、协同互补的新型电力系统,实现天然气与可再生能源的融合发展。

三、坚持"创新驱动"战略

科技攻关要从国家急迫需要和长远需求出发,在石油、天然气等方面的核心技术上全力攻坚、加快突破。油气行业必须立足高水平科技自立自强,扎实推进创新驱动发展战略,提升自主创新和原始创新能力,努力达到世界能源科技领先水平。

我国的油气行业应聚焦国家战略需要,针对生产中亟待解决的难题,明确理论和技术创新的攻关方向和着力点。理论方面,以系统观的视角,创新能源学研究,从地球、人类、能源三者的相互影响与协同演化出发,探讨能源转型发展的理论内涵。立足地球系统演化,从时间到空间尺度,研究各类能源的形成分布、评价选区、开发利用、有序替代、发展前景等,对完善学科体系、促进能源发展、明确转型方向、建设宜居地球具有重要的意义。

通过高效挖潜和发展大幅提高油气采收率技术,不断提高老油气田总体开发水平和效益;突破大型气田勘探和复杂气田提高采收率技术,努力发现大气田,实现复杂气藏高效开发;加强非常规油气勘探开发技术研究,促进非常规油气规模建立和效益开发;突破一批"卡脖子"关键技术,打造世界领先的工程技术装备;攻关海洋及深水油气勘探开发技术,推动海上深层油气取得重大勘探突破,实现低品位油气资源有效开发;加强海外油气勘探开发技术研究,着重油气资源评价和选区、深水油气勘探开发、提高油气采收率等关键技术。

发挥油气产业的既有优势,加快油气与碳捕获、利用与封存(CCUS)/碳捕获与封存(CCS)技术融合发展,加强示范工程建设和示范应用,提升油气产业链整体绿色低碳程度。抓住数字经济新机遇,推动油气技术与大数据、人工智能、区块链等新一代信息技术深度融合,以科技创新催生新业态,带动油气行业转型进入多能互补、多网融合、智慧协同的"智能源"时代。

第三节　中国油气储运技术的发展趋势

一、天然气功能新定位

"在碳中和目标下,能源加速向清洁低碳转型,天然气加快与新能源融合。"[①]因此,实现能源转型和碳中和,需要巧妙处理油气等传统化石能源与可再生能源的协同发展。在未来"清洁低碳、安全高效"的多元化能源体系中,各类能源各得其所,相互间既有替代关系,也有备份、协同关系。即使到2060年,石油和天然气仍然是最重要的战略资源之一,仍要坚持大力发展油气行业。中国油气行业需要立足既有优势,在能源转型中进一步扩大优势,找准新定位,形成油气与新能源协同发展的新优势。

从近中期来看,天然气是与可再生能源互补协同发展的"最佳伙伴",是与新能源共生共荣的"最佳伙伴",天然气在未来能源体系中具有重要地位。在储能技术取得突破之前,可再生能源发电不连续、不稳定的短板仍然突出,多种可再生能源大规模接入电网,将严重影响电力系统的安全稳定运行。天然气发电技术成熟、清洁高效、稳定灵活,能够及时补充可再生能源发电不稳定造成的供电缺口,具有"稳定器"的作用。可见,构建天然气与可再生能源有机融合的新型电力系统是最优选择。

从长期来看,天然气是能源从高碳向低碳转型的"最佳伙伴"。当前及今后相当长一段时间内,可再生能源无法完全满足我国巨大的能源需求量,其对化石能源的替代将是一个漫长的过程。天然气是碳排放强度最低的化石能源,并且我国天然气大规模稳定供应的资源和工业基础最为扎实。天然气将作为能源低碳转型的"伴侣",替代高碳化石能源,成为主体化石能源,以满足经济社会发展对能源的需求,保障我国能源供应安全。

---

① 潘凯,周淑慧,万宏,等.油气企业构建天然气低碳商业生态圈研究[J].国际石油经济,2021,29(6):24.

二、油气储运基础设施建设的高速发展

中国油气管网规模将迅速增长,同时要求加快天然气储气调峰设施建设;加强原油储备能力建设;加快建设天然气主干管道,完善油气互联互通网络。随着国家"X+1+X"油气市场体系的逐步形成,国家管网集团作为油气基础设施运营商和"全国一张网"建设运营主体,将根据国家规划要求、市场需求等加快"全国一张网"的建设步伐。

(一)油气管道的高速设施

在油气管道方面,应加强天然气管道更大管径、更高压力、更高钢级及非金属管道技术储备研究;开展管道自动焊技术,机械化防腐补口工艺推广应用研究;研发适用于山地、水网等特殊地形的运布管、防腐补口设备等;开展管道建设模块化、预制化及撬装化技术研究,提高天然气管道工程建设的预制化率,提升建设效率与建设质量。

在盐穴储气库方面,开展复杂老腔稳定性评价研究,制定老腔可利用的评价标准;开展氮气阻溶造腔技术研究与推广,降低环境污染及建库成本;开展水平多步法造腔、多夹层条件下造腔及 2000~2500m 深井造腔等方面的研究,解决薄盐层、多夹层地质条件、埋藏深盐层等造腔问题;开展丛式井造腔或小井距布井技术研究,从而有效利用盐矿资源。

假设在静水条件下,油气运移的主方向上,存在一系列溢出点自下倾方向或向上倾方向递升的圈闭。当油气源充足和盖层封闭能力足够大时,油气首先进入运移路线上位置最低的圈闭,由于密度差使圈闭中气居上、油居中、水在底部,当第一个圈闭被油气充满时,继续进入的气可以通过排替作用在圈闭中聚集,直到整个圈闭被气充满为止,而排出的油通过溢出点向上倾的第二个圈闭中聚集;若油气源充足,上述过程相继在第三个圈闭及更高的圈闭中发生;若油气源不足时,上倾方向(距油源较远)的圈闭则不产油气,仅产水,称为空圈闭。所以在系列圈闭中出现自上倾方向的空圈闭向下倾方向变为纯油藏—油气藏—纯气藏的油气分布特征。

(二)非常规介质输送技术

在纯氢/天然气管道混氢输送方面,积极探究管材和焊缝中渗氢的扩散机理,开展管材和焊缝对纯氢/掺氢输送的相容性研究,研究纯氢/掺氢输送

架空和埋地管道连接工艺;分析管道中掺氢传质输运机理,加强多级减压和调压技术、纯氢/掺氢燃气管输工艺以及掺氢设备的研发;开展纯氢/掺氢燃气管道和关键设备的安全事故特征和演化规律研究、失效后果及防护研究、完整性管理及应急抢修技术研究。

在一氧化碳管道输送方面,开展多相态一氧化碳管道输送工程规模试验,综合评价研究技术的工业化应用前景;开展高压、密相、超临界一氧化碳管道安全技术攻关,包括一氧化碳多相节流相变、一氧化碳泄放减压波传递、裂纹扩展及止裂、高压一氧化碳泄漏扩散及风险评价;开发一氧化碳管道输送系列技术工艺包,在设计理论、输送工艺、安全保障及风险评价等方面集成建立一氧化碳管道输送技术标准体系。

三、新兴技术的逐步融合化

随着能源互联网、人工智能等新兴技术的逐步发展,国家明确提出发展壮大战略性新兴产业,推动战略性新兴产业融合化、集群化、生态化发展,如加强"互联网＋"、大数据、云计算等先进技术与油气管网的创新融合。油气储运相关技术应积极与互联网、大数据、人工智能等新兴技术融合发展,促进行业科技的新发展,带动产业转型升级。

(一)技术国产化

国家组织中国管道企业、科研院所、高等院校、生产厂家等研究力量,联合开展焊材、山地全自动焊接等建设技术装备,超高清漏磁、电磁超声裂纹检测器等检测设备,气体超声波流量计、在线气相色谱分析仪等高精度仪表及燃驱压缩机组涡轮转子、导向叶片、燃烧室等关键零部件的研制。

持续跟踪已研发国产化设备的后续应用效果,依托新建管道工程,加快推动国产化压缩机组、SCADA系统、大口径阀门等技术装备的规模化应用,在应用中不断改进和提升,完善国产化设备的技术性能,提高可靠性和稳定性。

(二)维护设备安全

针对设备设施风险评价、环焊缝缺陷检测及评价、设备状态监测及故障诊断、管道第三方施工监测预警等检测评价技术开展攻关,重点关注高钢级管道环焊缝开裂事故预防技术,研发高分辨率的先进内检测器,开展焊缝材料性能评估、管道环焊缝裂纹缺陷内检测技术、管道应力应变内检测技术设备及高钢级管道环焊缝评价技术等系统研究。

开展应力腐蚀开裂检测与评价技术研究、微生物腐蚀机理和检测技术研究、针孔腐蚀缺陷的检测与验证技术研究；着力进行储气库、LNG 接收站的完整性管理技术研究；在管道维抢修技术方面，主要开展高等级钢缺陷修复及在线焊接技术装备、特殊地理环境维抢修技术装备等研究。

（三）技术与设备的高效运行

开展天然气管网仿真软件国产化研究，研发天然气管网一体化运行优化技术，实现大范围资源优化调配，提升物流服务质量和供应链效率；通过研究管道本体结构可靠性、管道失效数据库等技术，建立管网运行可靠性的管控模式。

针对油气管网能耗管控、LNG 冷能利用、天然气计量、油气品质检测等关键技术开展攻关，进一步提升 LNG 冷能利用水平，进一步研制能量计量计价的混合气体标准物质，建立并完善能量计量计价的相应定价机制、实施细则、溯源体系及质量监督体制机制等。

（四）智慧管网的研究

攻克管道数字孪生体构建、管网全方位感知、数据挖掘利用及管网智能综合决策等关键技术"瓶颈"，形成智慧管网建设运营核心技术系列和标准体系，引领管道建设与运行向数字化、可视化、自动化及智能化发展，实现由平面管理向三维可视化管理、由定性管理向定量管理、由人工判断决策管理向人机结合判断决策管理的转变。

（1）研究天然气管网数字化技术，研发管道运行仿真、管体安全评估、设备可靠性预测等核心计算引擎，实现管道运行状态实时评估预测及管道状态可视化。

（2）开展管网全面智能感知技术攻关，研发管道光纤综合智能感知技术、基于影像识别的管道周边环境感知技术及压缩机组在线状态监测技术等，实现对管道本体、管道线路环境、设备状态的全方位感知。

（3）开展管道大数据挖掘利用技术攻关，攻克管道缺陷智能识别及失效行为智能预测、压缩机组故障智能诊断等技术难题，实现管网安全状态的智能评判与预测。

（4）研究管网智能决策技术，构建智慧管网运行知识网络，形成管网智能综合决策技术体系。

(5)制定智慧管网建设运行标准,引领智慧管网建设进程。

(五)油气储运行业智库的建立

油气储运行业智库,应围绕国家"四个革命,一个合作"能源安全新战略、国家"双碳"目标及油气体制改革进程中面临的新问题开展系统研究与研判。聚焦油气储运行业未来发展,开展宏观政策、发展战略等相关研究。制订油气储运行业低碳发展路线图,建立油气储运碳排放监测、甲烷逸散管控和低碳数据库,构建油气储运低碳管理体系和技术体系。开展天然气管网价格机制、储气库价格机制等方面的研究。

总之,坚持创新在中国现代化建设全局中的核心地位,将科技自立自强作为国家发展的战略支撑,为油气基础设施企业推进科技创新提供良好的政策环境和机遇。

第二章　油气资源开发的理论与技术

第一节　油气的基本性质

石油、天然气是当今世界主要的能源和重要的化工原料,它们是储存于地下、可流动、可燃、不可再生的矿产资源,是自然界化石燃料的重要类别。由于它们是由各种碳氢化合物组成的、复杂的自然混合物,其产品广泛应用于人类社会活动的各个领域,渗透到人们生活的方方面面,几乎是无所不在。

一、石油的性质

石油是指在地下储集层中以气相、液相和固相天然存在的,通常以烃类为主并含有非烃类的复杂混合物。"石油作为一种战略性资源,在任何时候都事关国家的生存与发展。"[①]

(一)石油的组成元素

石油的组成元素主要是 C、H、O、S 和 N 5 种。其中主要元素是 C,占 83%～87%;其次是 H,占 11%～14%;两者合计占 96%～98%,两者比例(C∶H)为 6～7.5;S、O 和 N 三种元素合计占 1%～4%。

除上述 5 种元素外,原油中发现的金属和非金属元素的种类很多,如 Ni、V、Fe、K、Na、Ca、Mg、Cu、Al、Cl、I、P、As 和 Si 等。上述各种元素在原油中都不是以单质的结构存在的,而是相互结合为含碳的各种化合物。

---

① 李福泉.强烈现实关怀下的学术探索——评《苏丹和南苏丹石油纷争研究》[J].中东研究,2020(2):240.

（二）石油的烃类组成

烃是由碳和氢两种元素组成的碳氢化合物。烃的品种多到难以想象，但是组成原油的烃大体上只有烷烃、环烷烃和芳香烃3类；少数原油则含有很少量的烯烃。石蜡基原油中烷烃居多数，因为烷烃的碳原子数为18～30时又称为石蜡，故称"石蜡基原油"。

（1）烷烃。原油中的烷烃包括正构烷烃和异构烷烃。从含量上讲原油中异构烷烃均少于正构烷烃，结构复杂的异构烷烃又少于结构简单的异构烷烃。

（2）环烷烃。环烷烃和烷烃的不同之处是碳原子连接成环状。环烷烃的分子结构有单环、双环和多环3种类型。原油中的环烷烃大多带1～2个烷基侧链。环烷烃在石油中的分布以石油的中间馏分稍多。石油的汽油馏分中大多是带短烷基侧链的环戊烷和环己烷，只有极少量的双环环烷烃。在煤油和柴油馏分中，大多是带较长烷基侧链的单环环烷烃，其次是双环环烷烃。在高沸点的润滑油馏分中，大多是带烷基侧链的双环环烷烷烃，其次是3环以上环烷烃。

（3）芳香烃。具有苯环结构的烃称为芳香烃，它在石油中的分布随石油馏分沸点的升高而逐渐增多。芳香烃又可分为单环芳香烃、稠环芳香烃和多环芳香烃，带短烷基侧链的单环芳香烃大多分布在石油的汽油馏分中。在煤油、柴油和润滑油馏分中也都有单环芳香烃分布，但随着沸点的升高，其侧链越长，数量就越多。

（三）石油的非烃类组成

石油中除了各种烃类以外，还含有一些非烃类化合物。这些非烃类化合物大都对原油储运、加工及石油产品的质量带来不利影响。

（1）含硫化合物。原油随产地的不同，都或多或少含有硫化合物。一般来说，含烷烃和环烷烃多的原油，其硫含量较低；含芳香烃和胶质较多的原油，其硫含量较高。硫在石油中存在的形态包括单质硫、硫化氢、硫醇、硫醚、二硫化物、环硫醚等，以及噻吩及其同系物，如苯并噻吩类、二苯并噻吩类等。石油馏分中单质硫和硫化氢多是其他含硫化合物的分解产物，因而含量很少，硫化氢有恶臭和毒性。硫醇在石油中的含量也不多，低分子的甲硫醇、乙硫醇等具有极为强烈的特殊臭味。单质硫、硫化氢及低分子硫醇都能与金属发生作用而腐蚀金属设备，统称为"活性硫化物"。硫醚是石油中含量很大的硫化物，呈硫醚型的硫化物往往占石油轻馏分和中间馏分总含硫量的 50%,占石油高沸馏分总含硫量的 70%。硫醚是中性液体,对金属没有腐蚀作用。

(2)含氧化合物。石油中的含氧量在千分之几的范围内。石油中的含氧化合物主要是环烷酸,占含氧化合物的 90% 左右,其次是酚类,此外还有很少量的脂肪酸、醛和酮等。环烷酸呈弱酸性,会对金属设备造成腐蚀。

(3)含氮化合物。石油中的含氮量在千分之几的范围内,其中有一半以上集中在胶质、沥青质中。石油中的含氮化合物为碱性氮化物和非碱性氮化物两类。

(4)胶质和沥青质。石油中的硫、氧、氮,除少数以含硫、含氧和含氮化合物的形态存在外,其余 90% 以上的氧、80% 以上的氮和 50% 以上的硫都集中在胶质和沥青质中。胶质和沥青质都是由碳、氢、硫、氧、氮 5 种元素或其中 4 种元素所组成的多环化合物的混合物,其化学结构十分复杂。

二、原油的性质

原油是指在地下储集层中以液相天然存在的,并在常温和常压下仍为液相的那部分石油。它是烷烃、环烷烃、芳香烃和烯烃等多种液态烃的混合物。其主要成分是碳和氢两种元素,还有少量的硫、氧、氮和微量的磷、砷、钾、钠、钙、镁、镍、铁、钒等元素。我国原油按其关键组分分为凝析油、石蜡基油、混合基油和环烷基油 4 类。

从外观性质上看,原油大都呈流体或半流体状态,颜色多是黑色或深棕色,少数为暗绿、赤褐或黄色,并有特殊气味。原油含胶质和沥青质越多,颜色越深,气味越浓;含硫化物和氮化物多则气味发臭。原油的性质包括密度、馏分、黏度、凝点、蒸气压、导电性等。

三、天然气的性质

天然气是指在地下储集层中以气相天然存在的,并且在常温和常压下仍为气相,或在地下储集层中溶解在原油内,在常温和常压下从原油中分离出来时又呈气相的那部分石油。

(1)天然气分类。按照来源不同,天然气可分为 3 类:纯气田天然气、凝析气田天然气和油田原油伴生天然气。目前,天然气大部分是用作工业燃料和化工原料,而且又是以管道输送的大宗商品,因此天然气分级的主要指标是热值、硫化氢含量和总硫含量、凝液含量。天然气中的硫化氢对人体有毒害,而其中的硫含量在燃烧后会形成二氧化硫,对人体也有危害。

(2)天然气的组成。我国天然气是指可燃性气体,主要成分是气态烃类,还含有少量非烃气体。天然气中的烃类气体主要是甲烷(纯气田天然气甲烷含量达90%以上),其次是乙烷、丙烷、正丁烷、异丁烷、正戊烷、异戊烷等,而烯烃、环烷烃、芳香烃仅以痕量或极少量形式存在。天然气的非烃类气体有硫化氢、二氧化碳、氢气、氮气以及极少量的硫醇、硫醚、二硫化碳等有机硫化合物。

天然气在常温下为无色的易燃、易爆气体。天然气的性质是它所含各组分性质的综合体现。天然气中重要组分与燃烧和安全有关的某些性质包括相对分子质量、相对密度、凝点、沸点、临界温度、临界压力、燃烧 $1m^3$ 气体所需氧量和空气量、自燃点、爆炸极限、热值等。

总之,石油是从地层深处开采出来的黄褐色乃至黑色的可燃性黏稠液体矿物,常与天然气并存。从油田开采出来的未经加工的及经过初步加工的石油统称为原油;经过炼油厂炼制后所获得的各种产品则称为石油产品。石油的组分主要是烃类,也有非烃类。石油、天然气的分类、组成和性质之间密切相关。

四、石油、原油与天然气的易燃性

可燃物质、助燃物质和点火源是可燃物质燃烧的三个基本要素,是发生燃烧的必要条件。三个要素中缺少任何一个,燃烧便不会发生。对于正在进行的燃烧,只要充分控制三个要素中的任何一个,燃烧就会终止。这三个要素构成的三角形就是燃烧三角形。

(1)燃烧过程。可燃物质可以是固体、液体或气体,绝大多数可燃物质的燃烧是在气体(或蒸气)状态下进行的,燃烧过程随可燃物质聚集状态的不同而异。

(2)燃烧类别。气体最易燃烧,只要提供相应气体的最小点火能,便能着火燃烧。其燃烧形式分为两类:可燃气体和空气或氧气预先混合成混合可燃气体的燃烧称为混合燃烧,混合燃烧由于燃料分子已与氧分子充分混合,所以燃烧时速度很快,温度也高,通常混合气体的爆炸反应就属这种类型;另一类就是将可燃气体,如煤气,直接由管道中放出点燃,在空气中燃烧,这时可燃气体分子与空气中的氧分子通过互相扩散,边混合边燃烧,这种燃烧称为扩散燃烧。

1)液体燃烧。许多情况下并不是液体本身燃烧,而是在热源作用下由液体蒸发所产生的蒸气与氧发生氧化、分解以至着火燃烧,这种燃烧称为蒸发燃烧。

2)固体燃烧。如果是简单固体可燃物质,像硫在燃烧时,先受热熔化(并有升华),继而蒸发生成蒸气而燃烧;而复杂固体物质,如木材,燃烧时先是受热分解生成气态和液态产物,然后气态和液态产物的蒸气再氧化燃烧,这种燃烧称为分解燃烧。

(3)石油的沸溢、爆喷特性。原油和重质油在储罐中着火燃烧时,时间稍长则容易产生沸溢、爆喷现象,使燃烧的油品大量外溢,甚至从罐中猛烈地喷出,形成巨大的火柱。这种现象是由热波造成的。石油及其产品是多种烃类的混合物,油品燃烧时,液体表面的轻馏分首先被烧掉,而留下的重馏分则逐步下沉,并把热量带到下层,从而使油品逐层地往深部加热,这种现象称为"热波"。油品中只有原油、重油等重质油品存在明显的热波,并具有足够的黏度可形成泡沫,它们着火后容易产生沸溢、爆喷。因此,绝不能因重质油的闪点高、着火燃烧危险性较小而放松对它们防火的警惕。

(4)石油、天然气的爆炸。石油、天然气的爆炸往往与燃烧相联系,爆炸可转为燃烧,燃烧也可转为爆炸。当空气中石油蒸气达到爆炸极限范围时,一旦接触火源,混合气就会先爆炸后燃烧;当空气中石油蒸气超过爆炸上限时,与火源接触就会先燃烧,待石油蒸气下降达到爆炸上限以内时,随即会发生爆炸,即先燃烧后爆炸。

第二节　油气资源的富集与产出

一、油气资源的富集机理

油气资源的形成和分布是地质历史长期发展的综合结果,是盆地演化的产物。油气资源在由分散到集中形成各种油气藏的过程中,受到多种因素的作用。在一定的条件下会形成多种储量丰富的油气藏,因而保存下来,它是多种生、储、盖层等静态因素和生、运、聚等动态因素共同作用有机配合形成的。

（一）常规油气的聚集与成藏

1.圈闭与油气的生储盖组合

适合于油气聚集、形成油气藏的场所称为圈闭。一个圈闭由三部分组成：①储存油气的储集岩；②储集岩之上有防止油气散失的盖岩；③有阻止油气继续运移的遮挡物。这种遮挡物可由地层的变形如背斜、断层等造成，也可以是因储集层沿上倾方向被非渗透地层不整合覆盖，以及因储集层沿上倾方向发生尖灭或物性变差而造成。但是圈闭中不一定都有油气，只有油气进入圈闭才可能发生聚集并形成油气藏。一旦有足够数量的油气进入圈闭，便可形成油气藏。

油气藏是指在单一遮挡条件控制的圈闭中，形成具有独立压力系统和统一的油-水（或气-水）界面的油气聚集，它是地壳中最基本的油气聚集单位。若油气聚集的数量足够大，具有开采价值，则称为工业性油气藏，否则称为非工业性油气藏。

圈闭是油气运移的"归宿"，圈闭的规模决定了油气藏的规模和数量，其所处的空间位置和形成时间决定了其捕捉油气的概率，而圈闭的密封程度和水动力条件决定了油气的聚集条件，这些都决定了圈闭是否为有效圈闭。有效圈闭是指在具有油气来源的前提下，能聚集并保存油气的圈闭。它必须具备圈闭容积大、圈闭距源区近、圈闭形成时间早、圈闭的闭合度高、圈闭的封闭条件好等特征。

油气生成后，只有及时地排出，聚集起来形成油气藏，才能成为可以利用的资源；否则，只能成为油浸泥岩，而储集层是容纳油气的介质，只有空渗性良好，厚度较大的储集层才能容纳大量的油气，形成巨大的油气藏。显然，有利的生储盖组合，也是形成大型油气藏不可缺少的基本条件。

生储盖组合是指烃源层、储集层、盖层三者的组合形式。当三者在时空上配置恰当，有良好的输导层，使烃源层生成的油气能及时地运移到储集层聚集，且盖层的质量和厚度能确保油气不至于散失的组合称为有利的生储盖组合。一般来说，烃源层和储集层直接接触面积越大，通道畅通，输导能力就越大；反之，输导能力越差。互层式、指状交叉式较上覆、下伏式输导能力强，透镜式虽接触面积广，但明显受储集体大小的限制。不连续的生储盖组合形式中，生、储层虽未接触，但断裂面、不整合面往往输导能力强，在时空上把生、储层连接起来，尤其是不整合面，对油气的运聚起到了重要的作用。

2. 油气的聚集

油气聚集是指油气在储层中由高势区向低势区运移的过程中遇到圈闭时,进入其中的油气就不能继续运移,而聚集起来形成油气藏的过程。

（1）单一圈闭油气聚集的原理

第一,渗滤作用:含烃的水或随水运移的油气进入圈闭后,因为一般亲水的、毛细管封闭的盖层对水不起封闭作用,水可以通过盖层而继续运移;而对烃类则产生毛细管封闭,结果把油气过滤下来在圈闭中聚集。在水动力和浮力的作用下,水和烃可以源源不断地补充并最终导致在圈闭中形成油气藏。

第二,排替作用:泥质盖层中的流体压力一般比相邻砂岩层中的大,因此圈闭中的水是难以通过盖层的。另外油气进入圈闭后首先在底部聚集,随着烃类的增多逐渐形成具有一定高度的连续烃相,在油水界面上油水的压力相等,而在油水界面以上任一高度上,由于密度差,油的压力都比水的压力高,因此产生了一个向下的流体势梯度,致使油在圈闭中向上运移同时把水向下排替直到束缚水饱和度为止。

油气在静水条件下进入单一的背斜圈闭时,首先在最高部位聚集起来,较晚进入的依次由较高的向较低的部位聚集,一直到充满整个圈闭为止。在圈闭中,油、气、水按密度分异。气居上,油居中,水在底下。这时,该圈闭的聚油作用阶段已经结束。若再有油经过时,就通过溢出点向上倾方向溢出;但对天然气则不同,由于气比油轻,它可以继续进入圈闭,并排替原来被石油所占据的那部分储集空间,这个过程一直进行到圈闭的整个容积完全被天然气所占据为止。

（2）系列圈闭中的油气聚集原理

在油气盆地中,圈闭常成带成群分布,即存在系列圈闭。对于区域均斜背景上的系列圈闭来说,油气聚集的基本原理、适应条件是圈闭的溢出点要依次抬高,盖层的封闭能力较好。如果在运移的主方向上存在一系列盖层封闭能力差的岩性圈闭,则可能产生另一种形式的差异聚集,有人称为差异渗漏原理。

假设在静水条件下,油气运移的主方向上,存在一系列溢出点自下倾方向或向上倾方向递升的圈闭。当油气源充足和盖层封闭能力足够大时,油气首先进入运移路线上位置最低的圈闭,由于密度差使圈闭中气居上、油居中、水在底部,当第一个圈闭被油气充满时,继续进入的气可以通过排替作用在圈闭中聚集,直到整个圈闭被气充满为止,而排出的油通过溢出点向上倾的第二个圈闭中聚集;若油气源充足,上述过程相继在第三个圈闭及更高的圈闭中发生;若油气源不足时,上倾方向(距油源较远)的圈闭则不产油气,仅产水,称为空圈闭。所以在系列圈闭中出现自上倾方向的空圈闭向下倾方向变为纯油藏—油气藏—纯气藏的油气分布特征。

(二)非常规油气资源的富集机理

1.煤层气的富集机理

煤层对煤层气的容纳能力远远超过自身基质孔隙和裂隙体积,所以煤层气必定以不同于天然气的赋存状态赋存。目前,关于煤层气赋存状态比较一致的认识是:它以吸附态、游离态和溶解态储集在煤层中。吸附气可占煤层气总量的70%～90%,其中游离气约占总量的10%～20%,溶解气所占比例极小。煤层气的主要成分为甲烷,含有少量二氧化碳、氮气和重烃类。

(1)溶解气储集机理。煤层气储层多是饱含水的,在一定压力下必定有一部分煤层气溶解于煤层的地下水中,称为溶解气,其溶解度可用亨利定律描述。在不同温度、压力和含盐度条件下,甲烷在水中溶解系数不同,该定律表明,在一定温度下,气体在液体中的溶解度和压力成正比,亨利常数取决于气体的成分与温度,同一气体在不同温度下和不同气体在同一温度下,亨利常数都是不同的。温度越高,溶解度越小,水的矿化度越低,煤层气溶解度越低。

(2)游离气储集机理。煤的孔隙或裂隙中有一部分自由气体成为游离气体,可以自由运移,可用常规气田方法进行研究。这种赋存状态的气体符合气态状态方程。气体是容易被压缩的流体,对于理想气体来说,在等温条件下,其密度与压力成正比。

(3)吸附气储集机理。煤层中煤层气的含量远远多于其自身孔隙的体积,用溶解态和游离态难以解释这一现象,因此必定存在其他赋存状态,即吸附态。吸附是指气体凝聚态或类液态被多孔介质所容纳的一种过程,分为物理吸附和化学吸附。这两种吸附的主要差别为:物理吸附是由范德华力和静电力引起的,不发生电子转移,且吸附热很低,吸附速度快,是可逆过程;化学吸附是由共价键引起的,吸附剂与吸附质之间发生电子转移,其吸附热大,吸附速度慢,是不可逆过程。因为煤有较大的比表面积和对气体的亲和能力,所以煤是一种优良的天然吸附剂,这是煤层气与常规储气机理不同的物理基础。煤吸附作用实际是固体与气体的一种表面作用,是由于煤体表面的分子存在多余的自由引力场。煤的吸附性是由于煤结构中孔隙的不均匀分布和分子作用力的不同,这种吸附性的大小主要取决于以下三个方面的因素:煤结构,即煤的有机组成和煤的变质程度;被吸附物质的性质;煤体吸附所处的环境条件。由于煤对瓦斯吸附量是一种可连续现象,故吸附瓦斯所处的环境条件显得特别重要,如煤中含水量、瓦斯性质、瓦斯压力及吸附平衡等。煤对瓦斯的吸附能力受多种因素影响,主要影响因素有压力、温度、矿物质含量、水分含量、煤阶、岩性、气体组分等。

2.页岩气资源的富集机理

页岩气的成藏和富集是一个极其复杂的地质过程,但在成藏富集模式上,完整页岩气藏的形成和演化可分为三个主要的作用阶段,每个过程都产生了富有自身特色的气藏类型。

(1)第一阶段是页岩气成藏阶段。天然气在页岩中的生成、吸附与溶解逃离,具有与煤层气成藏大致相同的机理过程。在成岩作用的早期,由于深度较浅,压实作用不是很明显,大量微生物存在。由生物作用所产生的天然气首先满足有机质和岩石颗粒表面吸附的需要,当吸附气量与溶解的逃逸气量达到饱和时,富裕的天然气则以游离相或溶解相进行运移逃散。此时所形成的页岩气藏分布限于页岩内部且以吸附状态为主要赋存方式,吸附状态天然气的含量变化为 20%～85%。

(2)第二阶段是热裂解根缘气成藏阶段。随着埋深的增加,温度、压力及流体的存在使得天然气的生成作用主要来自热化学能的转化,它将较高密度的有机干酪根转换成较低密度的天然气,气体体积明显增大。由于压力的升高作用,页岩内部沿应力集中面、岩性接触过渡面或脆性薄弱面产生裂缝,天然气聚集其中,则易于形成以游离相为主的工业性页岩气藏,天然气原地或就近分布,则构成挤压造隙式的运聚成藏特征。在该阶段,游离相的天然气以裂隙聚集为主,页岩地层的平均含气量丰度达到较高水平。

(3)第三阶段是常规圈闭气成藏阶段。随着更多天然气源源不断地生成,越来越多的游离相天然气无法全部保留于页岩内部,从而产生以生烃膨胀作用为基本动力的天然气"逃逸"作用。因此从整套页岩层系考察,不论是页岩地层本身还是薄互层分布的砂岩储层,均表现为普遍的饱含气性。

二、油气资源的产出机理

油气从油藏流入井底和在井筒中的流动是油气开采的两个基本流动过

程。油井流入动态和井筒多相流动规律,是油井各种举升方式设计和生产动态分析所需要的共同理论基础。同时,采油工程中的各项工程技术措施也都将涉及这两个基本流动过程。尽管它们在生产过程中是两个相互衔接的流动过程,但它们在本质上有着不同的流动规律。

(一)油气流动过程

在自喷井生产过程中原油由地层流至地面分离器一般要经过四个大的流动过程。

(1)从油层到井底的地下渗流。该阶段压力损失占整个流动过程压力总损失的10%~50%。当油层渗透率高、井底附近无污染、流体黏度低且为单相渗流时,渗流阶段的压力损失小;反之,则压力损失大。

(2)从井底到井口的垂直或倾斜管流。该阶段压力损失占总压降的30%~80%,油井浅、气油比高、含水低的中小产量井压力损失小,而油井深、气油比小、含水高且产量高的井,则井筒管流压力损失大。

(3)经油嘴流出井口的嘴流。油、气和水等井筒产液通过油嘴节流后压力损失一般占总压降的5%~30%。

(4)通过井口地面出油管线流至集油站分离器的近似水平管流。该阶段压力损失一般占总压降的5%~10%。

上述四个流动过程的性质不同,但彼此间有着密切的内在联系。地层流体(原油、天然气和水)由储层至地面分离器的整个流动过程中,遵循基本的能量守恒和质量守恒定律,即沿程各过流断面流体的总质量流量相等,各流动过程时压力是相互衔接的。

(二)油井流入动态

石油开采的第一个流动过程是油气从油层流向井底,它遵循渗流规律。采油过程中,常用油井流入动态来表述这一过程的宏观规律。油井流入动态是指油井产量与井底流动压力的关系,它反映油藏向该井供油的能力,常用产量与流压关系的曲线来表示。因此,它既是确定油井合理工作方式的依据,也是分析油井动态的依据。

油气两相渗流发生在溶解气驱油藏中,油藏流体的物理性质和渗透率将明显地随压力而改变。因而,溶解气驱油藏油井产量与流压的关系是非线性的。要研究这种井的流入动态,就必须从油气两相渗流的基本规律入手。

(三)井筒气液两相流

无论是哪种举升方式的油井,在井筒中流动的大都是油-气或油-气-水三相混合物。对采油来说,油-气-水混合物在井筒中的流动规律——井筒多相流理论是研究各种举升方式油井生产规律的基本理论。在许多情况下,油井生产系统的总压降大部分是用来克服混合物在油管中流动时的重力和摩擦损失,它不仅关系到油井能否自喷及机械采油设备的负荷,还决定着可能获得的最大产量。

当油井的井口压力高于原油饱和压力时,井筒内流动着的是单相液体,其流动规律与普通水力学中单相液体的流动规律完全相同。

原油从油层流到井底后具有的压力(称流压),既是油藏流体油流到井底后的剩余压力,又是沿井筒向上流动的动力。如果流压足够高,在平衡了相当于井深的静液柱压力和克服流动阻力之后,在井口尚有一定的剩余压力(称油管压力),则原油将通过油管和地面管线流到计量站。根据普通水力学的概念,此时油管中的压力平衡等式应为:单相管流的能量来自液体的压力(井底流动压力),其能量消耗于克服重力及摩擦阻力。在单相水平管中,没有克服液柱重力的能量消耗;而在井筒中,井底压力大部分消耗在克服液柱重力上。

当喷井的井底压力低于饱和压力时,则整个油管内部都是气-液两相流动。当井底压力高于饱和压力而井口压力低于饱和压力时,油流上升过程中,其压力低于饱和压力后,油中溶解的天然气开始从油中分离出来,油管中便由单相液流变为气-液两相流动。液流中增加了气相之后,其流动型态(流型)与单相垂直管流有很大差别,流动过程中的能量供给和消耗关系要复杂得多。油气液上升过程中,气体膨胀能是一个很重要的方面。一些溶解气驱油藏的自喷井流压很低,主要是靠气体膨胀能来维持油井自喷。气举井则主要是依靠从地面供给的高压气来举升液体。

油气混合物的流动结构是指流动过程中油、气的分布状态,也称为流动型态,简称流型,它与油气体积比、流速及油气的界面性质有关。不同流动结构的混合物有各自的流动规律,因此,可按其流动结构把混合物的流动分为不同的流动类型。

在井筒中从低于饱和压力的深度起,溶解气开始从油中分离出来,这时,由于气量少、压力高,气体都以小气泡分散在液相中,气泡直径相对于油管直径要小很多。这种结构的混合物的流动称为泡流。由于油、气密度的差异和泡流的混合物平均流速小,因此,在混合物向上流动的同时,气泡上升速度大于液体流速,气泡将从油中超越而过,这种气体超越液体上升的现象称为滑脱。泡流的特点为:气体是分散相,液体是连续相;气体主要影响混合物密度,对摩擦阻力的影响不大;滑脱现象比较严重。

当混合物继续向上流动,压力逐渐降低,气体不断膨胀,小气泡将合并成大气泡,直到能够占据整个油管断面时,在井筒内将形成一段油一段气的结构。这种结构的混合物的流动称为段塞流。出现段塞后,大气泡托着油柱向上流动,气体的膨胀能得到较好的发挥和利用,但这种气泡举升液体的作用很像一个破漏的活塞向上推油。在段塞向上运动的同时,沿管壁还有油相对于气泡向下流动。虽然如此,但是在油气段塞结构下,油、气间的相对运动要比泡流小,滑脱也小。一般自喷井内段塞流是主要的。

随着混合物继续向上流动,压力不断下降,气相体积继续增大,泡弹状的气泡不断加长,逐渐由油管中间突破,形成油管中心是连续的气流而管壁为油环的流动结构,这种流动称为环流。在环流结构中,气-液两相都是连续的,气体举油作用主要是靠摩擦携带。

在油气混合物继续上升的过程中,如果压力下降使气体的体积流量增加到足够大时,则油管中内流动的气流芯子将变得很粗,沿管壁流动的油环变得很薄,此时,绝大部分油都以小油滴分散在气流中,这种流动结构称为雾流。雾流的特点:气体是连续相,液体是分散相;气体以很高的速度携带液滴喷出井口;气、液之间的相对运动速度很小;气相是整个流动的控制因素。

油井中可能出现的流型自下而上依次为纯油流、泡流、段塞流、环流和雾流。实验室中,可以用空气和水作为介质,通过阀门控制井筒中的气、水比例并利用仪表测取相应的流量和压力数据,然后利用透明的有机玻璃进行实验,观察相应的流型。

实际上,在许多情况下,当油井的井口压力高于原油饱和压力时,井筒内流动着的是单相液体。油井生产系统的总压降大部分是用来克服混合物在油管中流动时的重力和摩擦损失,只有当气-液两相的流速很高时(如环雾流型),才考虑动能损失。在垂直井筒中,井底压力大部分消耗在克服液柱重力上。特别是在一口自喷井内不可能同时存在纯油流和雾流的情况,环流和雾流只是出现在混合物流速和气液比很高的情况下,因此,除某些高产量凝析气井和含水气井外,一般油井都不会出现环流和雾流。

第三节　油气资源开发的技术

　　油气资源是深埋于地下几百米、几千米甚至更深的液体、气体矿物资源,具有较强的隐蔽性,也不像普通固体矿物那样可以由人工直接采掘。所以,要成功地开发油气资源,就要对油气地质资料进行深入研究,准确掌握地下油气的分布状况、油气储量、储层性质、构造形态及特点,编制合理的开发方案;选择一套科学的钻井方法和先进的钻、完井工艺技术,以建立起一条开采油气的永久性通道;最后,选用合理的油气资源抽采方法与设备,并在必要的时候进行储层增产作业、实施二次甚至三次采油采气。

一、油气资源开发的钻井、固井与完井技术

(一)油气资源开发的钻井技术

　　在石油勘探和油田开发的各项任务中,钻井起着十分重要的作用。诸如寻找和证实含油气构造、获得工业油流、探明已证实的含油气构造的含油气面积和储量,取得有关油田的地质资料和开发数据,最后将原油从地下取到地面上来等,无一不是通过钻井来完成的。钻井是勘探与开采石油及天然气资源的一个重要环节。

　　在整个油田的开发中,有勘探、建设、生产几个阶段,各阶段彼此互有联系,而且都需要进行大量钻井工作。高质量、快速和高效率的钻井是开发油田的重要基础。

　　钻井技术的发展一般可分为四个阶段:①人工掘井;②人力冲击钻;③机械顿钻(冲击钻);④旋转钻。我国在利用钻井开发地下资源方面有着悠久的历史。据记载,早在两千多年前的四川就已经钻凿了盐井,并创造了冲击钻,其基本原理至今仍为人们所利用。在北宋时代,人力绳索式顿钻方法得到了发展。

　　人们一般认为机械顿钻(1859 年)是现代石油钻井的开始。1901 年,人们发展了旋转钻井方法,以转盘带动钻柱、钻头破碎井底岩石并循环钻井液以清洁井底。1923 年,涡轮钻具出现,并在 20 世纪 40 年代开始得到广泛应用。以后又出现了电动钻具和螺杆钻具,统称为井下动力钻具,它们在钻

定向井中有其特殊的优越性。近年来,小直径井、大位移井、分支井、欠平衡压力钻井和连续管钻井得到了快速发展,这些工艺技术都有利于提高钻井效率,提高油田产量和采收率。

1.钻井方法

钻井是利用一定的工具和技术在地层中钻出一个较大孔眼的过程。石油工业中常用到的井一般是直径为 100～500mm、几百米到几千米深的圆柱形垂直孔眼。钻井工作始终贯穿在油气田勘探开发的地质勘探、区域勘探和油气田开发的三个阶段中。钻井的速度和质量,直接影响着油气田的勘探和开发的速度与效益。

钻井方法是为了在地下岩层中钻出所要求的孔眼而采用的钻孔方法。不同的方法所采用的工具和工艺也就不同,其主要区别在于如何破碎岩石,怎样取出岩屑、净化井眼、稳固井眼。目前,油气资源开采领域常用的钻井方法有以下两种。

(1)顿钻钻井法。顿钻钻井法,又名冲击钻井法,相应的钻井设备称为顿钻钻机或钢绳冲击钻机。用该法钻井的工艺过程为:钻头用钢丝绳悬吊,周期地将钻头提到一定的高度后再释放以向下冲击井底,将井底岩石击碎,使井眼向下加深。在不断冲击的同时,向井内注水使岩屑、泥土混合成泥水浆,当井内岩屑积累到一定量时,为了清除岩屑,需将钻头自井内提出,下入捞砂筒捞出井内的泥水浆,使新井底暴露出来,然后再继续下入钻头冲击钻进。如此交替进行直至钻达所要求的深度为止。

顿钻钻井法的钻头和捞砂筒都是用钢丝绳下入井内,所以起、下钻费时少,所用设备也很简单,但它破碎岩石,取出岩屑的作业都是不连续的,钻头功率小,破岩效率低,钻井速度慢,不能进行井内压力控制,且只适用于钻直井。目前只有少数地方仍在使用。

(2)旋转钻井法。旋转钻井法包括地面动力转盘旋转钻井法和井底动力钻具旋转钻井法。

第一,地面动力转盘旋转钻井法。地面动力转盘旋转钻井法,在钻进时钻头接触地层,在其上部钻头加压吃入地层,在钻头旋转的过程中破碎整个井底,同时向井内泵入具有一定性能的流体(称为洗井液或钻井液,俗称泥浆)并保持循环,以清洗井底,清除岩屑,便于继续钻进。

井架、天车、游车、大钩及绞车组成起升系统,以悬持、提升、下放钻柱,接在水龙头下的方钻杆卡在钻盘中,下部承接钻柱(包括钻杆和钻铤)、钻头,钻柱是中空的,可以通过循环洗井液对井底进行清洗。工作时动力机驱动转盘通过方钻杆带动井底钻柱,从而带动钻头旋转。通过控制绞车可调节钻柱重量施加到钻头上的压力(钻压),使钻头具有适合的压力压在岩面上,连续旋转破碎岩石。与此同时,动力机也驱动泥浆泵工作,使洗井液经由泥浆池—地面管汇—水龙头—钻柱内孔—钻头—井底—钻柱及井壁的环形空间—泥浆槽—泥浆池,形成循环流动,以连续地携带出被破碎的岩屑,清洗井底,同时还能起到冷却钻头、润滑钻杆等作用。

钻杆代替了顿钻中的钢丝绳,它不仅能够完成起下钻具的任务,还能够传递扭矩和施加钻压到钻头,同时又提供了洗井液的入井通道,从而保证钻头在一定的钻压作用下旋转破岩,提高破岩效率,并且在破岩的同时,井底岩屑被清洗出来,因此提高了钻井速度和效益。目前这种方法在世界各国被广泛应用。

第二,井底动力钻具旋转钻井法。地面动力转盘旋转钻井法虽然大大提高了破岩效率和钻进能力,但由于长达数千米的钻柱从地面将扭矩传递到钻头进行破岩,钻柱在井中旋转不仅消耗掉过多的功率,还可能发生钻柱折断的事故。因此,随着钻井技术的进一步发展,后来出现了井底动力钻具旋转钻井法,简称井底动力钻井法。

井底动力钻井法是把转动钻头的动力由地面移动到井下,直接作用在钻头之上。在钻进时,整个钻柱是不旋转的,此时钻柱的功能只是给钻头施加一定的钻压、形成洗井液通路和承受井下动力钻具外壳的反扭矩,井底动力钻具的动力是由电源和地面泥浆泵提供的。一般通过钻柱内孔传递具有一定动能和压力的洗井液流体驱动涡轮钻具或螺杆钻具来进行钻井,也有将电力传送到井底去直接驱动电动钻具的,但目前技术不是很成熟,应用较少。

第三,连续软管钻井技术。连续软管钻井是国内外大力研究和发展的热门钻井技术之一。一个完整的 CTD 钻井系统主要由连续管钻机、循环系统、井控系统、辅助设备、井下钻具组合及专用解释分析软件等构成。其中,除连续管钻机和井下钻具组合外,循环系统、井控系统、辅助设备等与常规钻井系统并没有特殊区别。

该技术是相对于常规单根螺纹钻杆而言的,其所有钻杆为连接钢管(又称为挠性油管、蛇形管或盘管),是一种像钢丝绳一样缠绕在卷盘上,可以连续下入或从井内起出的无螺纹连接的长油管。近年来,连续软管钻井技术是国际石油钻采业的热点话题,也是我国石油制管业面临创新的重点课题。连续软管钻井技术的主要优点是设备简单,起下钻容易,不需要接钻杆,井控安全，投资少，钻井成本低，同时还可最大限度地降低钻井液浸入和随之而来的地层损害，提高产能。目前，连续软管钻井技术已广泛应用于油气工程领域的钻井（小井眼井、定向井、侧钻水平井、欠平衡钻井等）、完井、采油、修井和集输等作业的各个领域，解决了许多常规作业技术和作业方式难以解决的问题，应用效果明显。同时，随着连续软管钻井技术与欠平衡钻井、控压钻井、旋转导向等技术的结合，使连续管钻井技术的应用领域得到大幅拓展。

2. 钻井工艺技术

钻进是通过选择和使用合适的工具，根据所钻地层的特点，选择合理的工艺技术，使钻头在地层中沿预定轨道前进的过程，是一口井建井过程中最主要的环节。钻进最直接的任务是破碎岩石，钻进的速度快慢、质量和成本的高低受到地层物理力学性能的制约，也受到钻进设备、工具的性能及钻进技术措施的影响。

钻进过程是钻压、钻速、水力参数、洗井液性能等共同作用的过程。如前所述，它们中的每一项都与钻进速度和效益有密切关系，而这些因素之间又是相互联系、相互影响和相互制约的，并受实际钻井条件的限制。因此，要达到高效率、低成本钻井的目的，就必须根据各参数对钻进速度和质量的影响及各参数间的相互影响，合理确定出钻进施工中的各参数值及其相互的配合关系，采用先进技术提高钻进效益。

（1）平衡压力钻井技术。在正常钻井过程中，钻井液始终充满井眼并保持循环。平衡压力钻井是科学化钻井的核心，其基本内容是在井内洗井液压力与地层压力相平衡的条件下进行钻进，以便有效地保护油气层不受洗井液的浸污，保证油气井的生产能力，同时保证较高的钻进速度，缩短建井周期，降低钻井成本。

平衡压力钻井的科学依据是根据地层的压力来确定所用洗井液的密度，其前提是应当准确掌握地下压力分布情况和各层的压力大小，并配套有完整的井口压力控制系统（防喷系统），以便确保钻井过程中的安全，并根据地下压力情况调整洗井液密度，以维持井内压力平衡。

平衡压力钻井技术的核心是引导人们改变传统的用增大洗井液密度来防止井喷被动的方法，从而达到解放油气层、有效开发油气藏的目的。根据当前的技术水平和实际条件，在保障安全钻井的前提下，尽量减小洗井液的密度，使之能在压力近平衡或平衡条件下钻进，以减少对油气层的损害，提高钻进速度。该工艺技术对开发进入中后期的老油田和低压低渗油藏具有更加明显的效益。随着技术的进步,采用井内洗井液压力低于地层压力的欠平衡压力钻井技术将会更大限度解放油气层的生产能力。

(2)欠平衡压力钻井技术。欠平衡压力钻井是指在钻井液作用于井底的压力(包括静液压力和循环压力)低于地层孔隙压力条件下钻井。

1)欠平衡压力钻井的优越性。相对于常规过平衡压力钻井技术而言,欠平衡压力钻井的优越性在于:①减轻地层损害,解放油气层,提高油气井的产能,尤其对于低渗油气藏、压力衰竭的油气藏效果更加明显。②有利于识别评价油气藏。钻井过程中允许地层流体有控制地进入井内,这有利于发现、识别和准确评价油气藏。③明显提高机械钻速。当井底存在负压差时,井底岩石容易被破碎,而且被破碎的岩石容易离开井底,从而使机械钻速明显提高,同时减轻了钻头磨损,提高了钻头的使用寿命和进尺。④减轻或避免压差卡钻和井漏事故的发生。

2)欠平衡压力钻井的技术关键

第一,井筒内压力分布特征及计算。在钻井过程中,要想保护油气层并满足钻井工程的要求,就必须调整井筒内钻井液产生的压力,以保证产生一个合理的压差,形成过平衡或欠平衡压力条件。由于欠平衡钻井技术应用的前提是对地层特征的了解,那么准确得出井筒内钻井液压力的分布和计算结果,就成为确定井底压差的关键。正常钻井条件下,钻井液具有不可压缩的性质,因此井筒内的压力分布特征就可以认为是线性的,钻井液的密度可以认为是不变的;但当使用有气体存在的钻井液产生欠平衡条件时,由于气体的可压缩性和对温度的敏感性等因素的影响,使井筒内钻井液的密度随着深度和温度的变化而变化,压力分布呈现明显的非线性特征。对于不同的气体性质、气相含量及气液掺混方式,其压力的分布规律也不相同,这样就使得准确计算井底压力非常困难,从而导致设计的欠平衡条件难以实现。要解决这一关键技术,就必须进行大量的理论和实验研究,找出其分布规律和计算模式,必要时要进行井下实测。

第二,欠平衡压力的产生。欠平衡压力钻井技术的核心是在井下形成一个负压差,以利于保护油气层,提高钻井速度。这个负压差的形成完全取决于钻井液的钻柱压力和循环压力。尤其对于低压的油气层而言,在井底形成负压差所要求的钻井液密度往往较低,有时甚至远远低于水的密度,因此如何产生这种稳定、性能优良的低密度钻井液就成为此项技术的关键。

(3)高压喷射钻井技术。高压喷射钻井的实质是在一定的机泵条件和井身结构、钻具结构等条件下,按照不同的钻井理论和工作方式,按井段优选排量和喷嘴直径,使钻井的水力作用在井底产生最好的效果。使用新型喷射式钻头,可以改善井底流场,提高水力清岩效率,并使水力作用与水力破岩相结合,以提高钻进速度和进尺。

高压喷射钻井技术的理论依据是强大的水力能量不仅可以使水底保持清洁,还可以与钻头牙齿的机械破岩作用相结合,促进岩石的破碎,也可以直接进行水力破岩,提高钻进速度。我国高压喷射钻井实践经历了两个阶段,取得了钻井速度和效率上的巨大提高,证明了高压喷射钻井的理论是正确的,并在技术上不断地发展和完善,形成了特色。高压喷射钻井技术设计的指导思想是"充分发挥地面机泵效率,最大限度地提高钻头上的水力能量",以取得较好的钻井效果。

1)循环系统水力功率的传递。要提高钻头上的水功率,就必须了解整个循环系统。洗井液从泥浆泵排出,经地面管汇、钻柱、钻头喷嘴喷射冲击到井底,再经环形空间返回地面到泥浆池,形成一个循环。洗井液完成一个循环就需要克服整个岩层阻力,这些阻力表现在泵压表上,即泵压。

在循环中,钻头喷嘴喷射的压力降和水功率都是由地面泥浆泵提供的,通过洗井液传递到钻头的喷嘴,在传递途中必然要消耗一部分能量。这部分能量对钻井是没有任何作用的,所以喷射钻井的一个重要内容就是设法减少在传递过程中的能量损失,并使钻头获取更多的压力降和水功率。

喷射钻井的根本是提高井底的水力能量,水流动压耗与排量的二次方成正比,损耗水功率与排量的三次方成正比,并均与洗井液性能有关。故喷射钻井强调使用小排量小喷嘴的优质洗井液,以降低钻头的压力降和水功率,从而提高作用在井底的水功率。

2)高压喷射钻井的工作方式。高压喷射钻井中,洗井液射流由钻头喷嘴喷出,具有很高的喷射速度。由于射流动量很大,因此会对井底产生很大的冲击力。同时,喷嘴的压力降和排量的乘积只构成射流和水功率。因此,喷射速度、射流冲击力及喷嘴水功率成为高压喷射钻井的三个重要水力因素。据此可形成三种不同的钻井工作方式。

第一,最大水功率理论及其工作方式。这种理论观点是以能量作为基础的,它认为射流清洗井底、破碎岩石主要是依靠水功率。因此,喷嘴的水功率是影响钻进效果的主要因素。所以在一定的机泵条件下,应使钻头喷嘴获得尽可能大的水功率,并以此来确定钻进中的全套水力参数。优选排量和喷嘴直径,保证在井深超过临界井深时,钻头能够获得的压力降和水功率达到泵许用压力及输出功率的2/3。

第二,最大冲击力理论及其工作方式。该理论以射流对井底的冲击力作为理论基础,认为冲击力越大,射流的水力效果越好,钻进速度越高。这样喷嘴的冲击力便是影响钻进指标的主要因素。因此,在一定的机泵条件下,使喷嘴获得尽可能大的冲击力,并以此来确定全套水力参数,优选排和喷嘴直径,使钻头喷嘴的压力降和功率达到泵许用压力和输出功率的 1/2 以上,即可获得好的喷射钻井效率。

第三,最大喷射速度理论。最大喷射速度理论认为喷射速度是影响钻进速度的主要因素,因此应以获得最大喷射速度作为选择和设计全套水力参数的依据。该理论不具有现场可行性,只停留在理论上。

目前,国内钻井现场用得最多的属最大水功率工作方式,有时也使用最大冲击力工作方式。

(二)油气资源开发的固井技术

在钻出的井眼内下入套管柱,并在套管柱和井壁之间注入水泥浆,使套管与井壁固结在一起的工艺过程叫作固井。固井是一项极为重要的工作,一口油井往往要使用几年甚至几十年,固井质量不好,轻则会给其后的钻井和采油工作带来麻烦,重则会使一口井报废,前功尽弃。因此,固井质量的好坏是衡量一口井质量的一个重要指标,必须合理设计,精心施工。通常在钻进一个井段或钻完全部井深时需要固井。

1. 固井目的

(1)安装井口装置,以控制在以后钻进中要遇到的高压油气水层。

(2)为了巩固疏松井段,隔离复杂地层(如岩盐层、石膏层、不稳定页岩层等,这些地层用洗井液长期控制有困难或极不经济)。

(3)保证在遇到井涌或井喷而需要压井时,不会因洗井液的密度增大将上部地层压裂,而失去对井内压力的控制,导致严重的井喷。

(4)封隔地下各油、气、水层,使之不能相互串通。

(5)为油气的生产建立长期稳定的通道。

(6)封闭暂不开采的油气层。

2. 井身结构

井身结构是指油井钻完后所下入套管的层次、直径、下入深度及相应的钻头直径和各层套管外水泥浆的上返高度等,一般根据该井的钻探目的、本地区地质条件及钻井工艺技术水平所确定。井身结构的确定应既能符合优质、快速、安全钻进及勘探开发的要求，又要力求节约、降低钻井成本，提高经济效益。

（1）导管。导管使钻井一开始就建立起泥浆循环，保护井口附近的地层，引导钻头正常钻进。下入深度取决于第一层较坚硬岩层所在的位置，通常为 2～40m。导管下部要用混凝土稳固地固定于坚硬的岩层上，所用导管的直径一般为 450mm 和 375mm。

（2）表层套管。表层套管，又称地面套管、隔水层套管，它的作用是用来封隔地下水层，加固上部疏松岩层的井壁，保护井眼和安装封隔器。其下入深度取决于上部疏松岩层的位置，一般为 30～150m，它的直径一般为 400mm、324mm 等。表层套管外的水泥返至地面。

（3）技术套管。技术套管，又叫中间套管，用来保护和封隔油层上部难以控制的复杂地层。如隔绝上部高压油（气、水）层、漏失层或坍塌层，以保证钻进的顺利进行。下入深度、层次及水泥上返高度根据复杂层位而定。但是，下技术套管会影响实际钻进速度，并使完井成本大幅度增加，因此，钻进过程中尽可能不下或少下为宜。

（4）油层套管。油层套管，也称为生产套管，其作用是保护井壁，形成油气通道，隔绝油、气、水层，下入深度是根据目的层的位置和不同完井方法来决定的，一般应超过油层底界 30m，并在最下一个油层底部留有一个足够的沉砂口袋，以保证油井能进行长时期的安全生产。

3. 下套管

将按强度要求设计好的套管和其附件组成的套管柱下入已钻出的井眼内的工艺叫下套管。由于套管下到井内后，在固井和以后的生产过程中要受到各种外力的作用，很容易遭受到破坏，一旦套管破坏，就会影响生产，甚至使井报废，因此必须要进行合理的设计和正确地选择套管的钢级和壁厚，使之既安全又经济。

（1）套管。油井用套管是用无缝钢管制成的，长度一般为 10m 左右，常用的套管两端车有圆螺纹丝扣，用接箍连接，高压气井用套管为梯形丝扣。为了满足钻井的需要，套管具有不同的直径、壁厚和钢级。

（2）套管柱设计。套管柱设计的目的是在最经济的条件下使井眼得到可靠的保护。为了保证下入井内的套管不断、不裂、不变形，要求套管的强度必须满足其在井下的受力要求。为了降低建井成本、节约钢材，往往要考虑不同钢级、不同壁厚的组合设计，以确定出最低成本方案。因为套管的安全与否决定了油井的寿命，而套管的成本要占整个建井成本的 1/5 左右。

因此,进行合理的套管柱设计是非常重要的环节。常用的套管柱设计理论和方法主要有三种,即等安全系数法、双轴应力法和等拉力余量法。目前现场使用最普遍的设计方法是等安全系数法,这种方法的依据是使组成套管柱的各段套管的最小安全系数等于规定的设计安全系数。

（3）套管柱下部结构。要把设计好的不同壁厚、不同钢级的套管柱顺利、安全地下入预定深度,以及为了提高注水泥质量,必须在套管柱下部安装一些附加装置,这些附加装置统称为下部结构。它包括引鞋、套管鞋、旋流短节、套管回压凡尔、承托环、扶正器。

（4）下套管。首先应备齐按设计要求的各种合格的套管,并要进行严格的内径、外表及探伤、试验等检查,丈量好长度,按套管串设计要求的钢级、壁厚顺序排列整齐,至少有 3％的备用量。然后按固井设计要求调整好井内洗井液性能,确保固井时油气层的稳定,避免在水泥浆终凝前油气上窜,要下钻通井,遇阻井段必须划眼,大排量洗井,清除井底沉砂,以利于套管的顺利下入。下套管时必须要起下平稳、不硬提硬压、不错号、不错扣、不损伤套管,井内不允许有任何落物,还要定岗负责观察洗井液出口情况,避免任何人身、工程和机械事故的发生。

（5）注水泥。就是用一套专用设备将设计用量的干水泥和水配制成合适的水泥浆注入井内,并使其返到套管外设计的位置。注水泥是为了将套管与地层胶结在一起,给套管提供支承力,防止地层流体从管外流出,保证环形空间的密封。

（三）油气资源开发的油井完井技术

完井即油气井完成,这是钻井工作的最后一个环节,也是油气投产前的一个重要环节,其主要内容包括钻开油气层、确定完井方法、安装井口和井底装置以及试油。完井质量直接影响油气井的生产能力及寿命,甚至关系到整个油田能否得到合理开发,因此必须对此环节予以高度重视。

1. 钻开油气层

油气层一般由孔隙性砂岩或裂缝性灰岩组成,油气井投产后,油气便沿着这些孔隙或裂缝流入井内。油气层渗透率越高,油气流动阻力就越小,油气的产量就越高。在钻开油气层的过程中,由于井内有洗井液存在,总是会出现油气层内油气侵入洗井液内,或者洗井液侵入油气层的相互侵入现象。当井内洗井液液柱压力小于油气层的压力时,油气层中的油、气或水便沿着地层孔隙或裂缝通道流入井内,使井内的洗井液产生油侵、气侵。如果处理不当或不及时,则可能会导致井喷事故。反之,当井内液柱压力大于油气层压力时,洗井液将沿着地层裂隙或裂缝通道侵入油气层,堵塞地层通道,使其渗透率下降,从而降低油气井的生产能力,严重时会"枪毙"油气层,使油气井丧失生产能力。

(1)洗井液对油气层的损害。由于钻井过程中洗井液液柱压力通常大于地层压力,所以在这一压差作用下,洗井液中的自由水和黏土等固相颗粒将沿着油气层的裂缝侵入,造成水侵和泥侵,从而对油气层造成各种不同性质和不同程度的损害。

1)泥侵对油气层的损害。泥侵的机理:当钻开生产层的瞬间,在井壁泥饼形成前,在压差作用下部分洗井液直接进入地层孔隙、裂缝中。随着时间的推移,进入地层通道的洗井液也在地层通道中形成内泥饼,特别是洗井液中的重晶石粉、钻屑等进入地层造成永久性损害。影响泥侵的主要因素有:①压差的大小。压差越大,泥侵越严重。②生产层的性质。油气层渗透率越大,泥侵越严重。③洗井液的固相含量。洗井液中固相含量越多,颗粒越细,堵塞就越严重。

2)水侵对油气层的损害。水侵的机理:①油气层中泥质成分吸水膨胀,从而使油气流通道截面缩小,形成堵塞;②地层中的可溶性盐类溶解产生化学沉淀物堵塞油气流通道;③由于水的表面张力大于油气的表面张力,当自由水进入后,以小水珠状态分布在油气中,破坏了油气流的连续性,增加了油气流的流动阻力而造成堵塞;④产生水锁效应,增加油流阻力。由于自由水与油的表面张力、黏度等物理性质的差异,自由水不能连续侵入地层孔隙,而在地层孔隙中形成一段水一段油的现象,从而产生水锁效应,增加油流阻力。

(2)保护油气层的措施。钻井的最终目的是开采油气,因此在打开油气层的过程中,要保护好油气层,使其不受污染,保持良好的生产能力尤其重要,也是科学化钻井的一个核心内容。为了保护油气层,在打开油气层时,必须选择合适的洗井液类型及相应的处理剂,使洗井液性能具有较低的失水量、较高的矿化度及较低的表面张力。保持洗井液具有合适的密度,使液柱压力尽可能小,不要超过油气层的压力,以减轻洗井液对油气层的浸污,具体可以考虑的内容包括以下几点。

1)针对油气层特点,采用合理的完井方法,提高油气层段的钻井速度,加快测井、固井、试油气等完井作业的速度,以减少洗井液对油气层的浸泡时间。

2)合理选择洗井液密度,控制井内压差,采用平衡钻井技术,既可减少洗井液对油气层的损害,又可提高钻开油气层的速度,减少洗井液的浸泡时间。

3)使用低固相、无固相优质洗井液钻开生产层,控制洗井液的失水量,提高洗井液的造壁能力。

4)在完井液中加入桥堵粉(石灰粉、硬沥青粉等),以减少固体颗粒侵入。

5)使用表面活性剂处理洗井液,降低洗井液滤液与原油间的表面张力,减少油气在孔隙通道中的流动阻力。

6)提高洗井液的矿化度,以减轻水侵的危害,防止油气层中的泥岩吸水膨胀。

2.完井方法

完井方法是指一口井完钻后生产层与井眼的连通方式及井底结构形式。为了满足不同性质油气层有效开发的需要,已发展多种不同的完井方法。不管哪种完井方法,从采油气的观点来看,均要满足的要求包括:能有效地连通油气层与井眼,油气流入井内的阻力要小;能有效地封隔油、气、水层,防止互相窜扰,对不同性质的多油气层,能满足分层开采和管理的要求;能克服油气层井壁坍塌和出砂的影响,保证油气井长期稳定生产;能够进行进一步的压裂、酸化等增产措施,便于修井,能确保工艺简便,完井速度快,成本低。目前,国内外常见的完井方法有裸眼完井、射孔完井、割缝衬管完井、砾石充填完井等。

(1)裸眼完井。裸眼完井是将套管下至油气层顶部或稍进入油气层,然后注水泥固井,待水泥凝固后钻开油气层完井。其优点为:①减少油气层污染;②油层全部裸露,整个油层段井径都可以开采;③一般不需要射孔,减少射孔污染;④井眼容易再加深,并可转为衬管完井;⑤后期采用砾石充填可保持高产。裸眼完井法的使用条件为:①岩性坚硬致密、井壁稳定的碳酸岩盐岩、砂岩储层;②无气顶、无底水、无含水夹层及易垮塌的夹层储层;③单一厚储层或压力、岩性均质的多层储层;④不需要实施分隔层段及选择性处理的油层。

(2)射孔完井。射孔完井是将套管下入油气层底部注水泥固井,然后进行射孔,将油层与井眼连通起来。其优点为:①能有效地封隔和支撑垮塌层;②能分隔不同压力和不同特点的油气层,可进行分层测试、分层开采和酸化压裂;③可进行无油管或多油管完井;④除裸眼完井外,比其他完井都经济。

(3)割缝衬管完井。割缝衬管完井是将油层套管下到油气层顶部固井,然后钻开油气层,在油气层部位下入预先加工好的割缝套管或打孔套管,用衬管悬挂器将其悬挂在油层套管上,并将套管和衬管的环空密封起来。油气流经割缝衬管的缝或打孔套管的孔进入井筒。

(4)砾石充填完井。砾石充填完井是指将绕丝筛管下入油层部位,然后在筛管与井眼环空充填砾石,封隔筛管以上的环空完井。这种方法的特点是防止油层出砂和提高产层的产量。使用条件是地层结构疏松、出砂严重、厚度大、不含水的单一油层,可消除注水泥和射孔作业对油层的损害。一般稠井都采用砾石充填完井,它是目前一种最新的完井方法。砾石充填完井又分为预充填和井下充填、裸眼充填和管内充填。

3. 完井井底

在完井工艺中,一项很重要的工作就是安装井底和井口装置,以便进行诱导油气流、完井测试及油气的正常生产。一般情况下,油气的生产中要在井内下入油管,使油气通过油管流到地面。油管一般下探到生产层的中部。油管最下部一般有油管鞋,它是一个内径较小的接箍,其主要作用是防止油管内落物掉入井眼内,在油管鞋的上部通常有一段带眼油管,叫作筛管,其作用是为了减少油气进入油管的阻力。生产层底面到井底要有10～20m的距离,即"口袋",主要用作沉砂袋,避免因油层附近出砂造成砂堵而不得不频繁地洗井。

4. 完井井口装置

在油气井的测试和生产中必须有一套可靠的井口装置,以便能有控制、有计划地进行井内的作业和生产。井口装置的重要作用为:①连接井下各层套管,密封各层套管环形空间,悬挂套管部分重量;②悬挂油管及井下工具,承挂井内的油管柱重量,密封油套环形空间;③控制井的油、气流,完成测试、试油及投产后的油、气正常生产。完井的井口装置通常由套管头、套管短节、四通、油管悬挂器、采油树等部件组成。

套管头安装在整个采油树的最下端,其作用是把井内各层套管连接起来,使各层套管间的环形空间密封起来。油管头安装在套管头上面,主要由套管四通和油管悬挂器组成,其作用是悬挂井内的油管柱,密封油套管环形空间。油管头内锥面上可以承坐油管悬挂器,下端可以连接油层套管底法兰,上端在钻井或修井过程中分别连接所使用的控制器,投产时在其上安装采油树。

采油树由闸门、节流器、密封盒、三通或四通等组成,装在油管头之上,用以控制油、气流,合理地进行生产,确保顺利地实施压井、测试、打捞和注液等修井与采油作业,还可通过采油树进行自喷采油、有杆采油、压裂酸化等作业。

二、油气资源开发的抽采方法

采油方法通常是指将流到井底的原油采到地面上所采用的方法。按其能量供给的方式分为两大类:①自喷采油法,即依靠油层自身的能量使原油喷到地面的方法;②机械采油法,即依靠人工供给的能量使原油流到地面的方法。因地层能量低而采用的注水采油和气举采油,从广义上讲也属于机械采油法,这是因为它们的能量是依靠人工供给的。油井完成之后,投入生产,用什么方法进行采油,是依据油层能量的大小和合理的经济效果决定的。

(一)自喷采油

自喷采油是依靠油层压力将石油举升到地面,并利用井口剩余压力输送到计量站、集油站,油井自喷的流动过程。原油从油层流到地面计量站,一般需要经过四个流动过程,即储层渗流、垂直管流、嘴流和水平管流。在原油生产过程中,以上四种流动过程之间既相互联系又相互制约。对于某一油层来说,在一定的开采阶段油层的压力相对稳定于某一数值,改变井底压力就可以改变产量的大小,井底压力变大,则产量减少。

自喷采油的主要任务是合理利用油层能量,在采油过程中尽量做到以最小的能量消耗获得较高的产油量,从而延长油井的自喷期。因此,自喷采油具有设备简单、操作方便、产量较高、采油速度较快、经济效益好等优点。油层能量的大小主要表现为压力的高低,能量的消耗主要表现为压力的损失。下面研究四种流动过程的能量供给及压力损失情况。

(1)地层渗流的能力供给及消耗。原油在地层中流动时,能量来源于油层压力和气体的膨胀能,能量消耗主要是流体克服在多孔介质-储层岩石中的渗流阻力。当井底压力高于饱和压力时为单相流动;当井底压力低于饱和压力时,由于溶解气的分离,井底附近为多相渗流。在从油层流入井底过程中的压力损失可占油层至计量站分离器总压力损失的 10%～15%。当油层渗透率高,井底附近无污染,单相流动及流体黏度小时,则渗滤损失小,反之则渗滤损失大。为了减少渗滤损失,除钻开油层时要求有尽量大的渗滤面积和对油层无污染外,在油井生产过程中应尽量控制井底压力,实现在油层中为单相流动。还可采取合理的增产措施改善井底附近油层的渗透率,对高黏原油采取降黏措施进行开采等。

(2)垂直管流的能量供给及消耗。原油在井筒中流动时,能量来源于井底压力和气体的膨胀能,能量消耗主要是克服井筒内液柱重力、原油与井筒管壁的摩擦阻力和滑脱损失(在多相垂直管流中存在)。液柱重力受原油密度、含水量、溶解气和浮力等影响;原油与管壁的摩擦阻力主要与流体黏度大小有关;滑脱损失是指混气油流沿垂直管向上流动,由于气体轻流速快,气相超越液相流动,未能参与采油而损失掉的一部分能量。压力损失占总压力损失的 30%～80%。

(3)嘴流的能量供给及消耗。油气通过油嘴时,能量来源于井口油压,能量消耗是油嘴的节流损失。油气通过油嘴节流后的压力损失一般占总压力损失的 5%～30%。

(4)水平管流的能量供给及消耗。在多相水平管流过程中,能量来源于井口油压,能量消耗主要是流体通过各种管线时产生的局部水力损失和沿管线流动的沿程水力损失等。压力损失一般占总压力损失的 5%～10%。

油井能否自喷生产的关键是油流克服渗滤阻力流入井筒后的剩余压力(流动压力)是否大于油流在井筒中流动所受的静液柱压力及摩擦阻力之和。具备这个条件,原油流入井筒后就可以沿井筒继续向上流动。

(二)机械采油技术

在油井开发过程中,有些油井随着地层能量逐渐下降,到一定时期就不能保持自喷,有些油井则因为原始地层能量低或油稠,开始就不能自喷,油井不能保持自喷时或虽能自喷但产量过低时,必须借助机器进行采油。

目前采用的机械采油方法可分为气举采油和深井泵采油两大类。其中深井泵采油方法包括游梁式深井泵装置、水力活塞泵、射流泵、电动潜油泵等方式。

1.气举采油

当地层供给的能量不足以把原油从井底举升到地面时,油井就停止自喷。这时,为了使油井继续出油,需借助人工手段为井筒流体补充能量以将其采至地面,气举采油便是其中的方法之一。气举采油是依靠从地面注入井内的高压气体与油层采出流体在井筒中混合,利用气体的膨胀使井筒中的混合液密度降低,以将其排出地面的一种举升方式。

气举采油的井口和井下设备比较简单,管理也比较方便,特别适合于深井、斜井、水平井、海上采油以及含砂量小、含水低、气油比高和含有腐蚀性成分低的油井。当然,在考虑选择采用气举方式时,首先要考虑是否有气源,一般气源为高压气井或伴生气。由于气举需要压缩机组和地面高压气管线,地面设备系统复杂,一次性投资较大而且系统效率较低,特别是受到气源的限制,一般油田很少采用,但随着气举技术及其配套工艺的完善,气举采油方式在高气油比油藏等的开发中还是有良好的应用前景的。

气举采油法可以相对划分成两种方式:连续气举和间歇气举。连续气举是将高压气体连续地注入井内,使其与地层产液混合并排出井筒中液体的方法。此种方式适用于供给能力较好、产量较高的油井。间歇气举则是周期性地向井筒注入气体,推动停注期间在井筒内聚焦的油层产液段塞升至地面的一种举升方式。间歇气举主要适用于井底流压低、采液指数小、产量低的油井。

气举井与自喷井在流动性质及几种流动的协调原理方面是非常相近的,但是气举井的举油主要是依靠外来高压气体的能量,因此,气举井在有些方面又与自喷井的工作原理有所不同。

2. 有杆泵采油

游梁式抽油装置是有杆泵采油中最为常用的装置之一,"游梁式抽油机在工作过程中,曲柄轴扭矩的较大波动是影响抽油系统动能平衡,降低设备的使用寿命的主要因素之一"[①]。

游梁式抽油装置的组成包括抽油机、抽油泵。

(1)抽油机。抽油机是有杆深井泵采油的主要地面设备。游梁式抽油机主要由游梁-连杆-曲柄机构、减速箱、动力设备和辅助装置四大部分组成。工作时,动力机将高速旋转运动通过胶带和减速箱传给曲柄轴,带动曲柄做低速旋转。曲柄通过连杆经横梁带动游梁做上下摆动。挂在驴头上的悬绳器便带动抽油杆做往复运动。

游梁式抽油机按结构可分为普通式和前置式。两者的主要组成部分相同,只是游梁和连杆的连接位置不同:普通式多采用机械平衡,支架在驴头和曲柄连杆之间,其上下冲程的时间相等;前置式多采用气动平衡,且多为重型长冲程抽油机,前置式的上冲程曲柄转角为195°,下冲程曲柄转角为

---

① 崔阳.变频游梁式抽油系统动力学及控制模式优选[D].秦皇岛:燕山大学,2013:1.

165°，这使得上冲程较下冲程慢，这种抽油机曲柄旋转方向与普通型相反，当驴头在右侧时曲柄顺时针转动。

为了节能和加大冲程，又出现了多种变型的游梁式抽油机，如异相型游梁式抽油机（又称曲柄偏置式游梁抽油机），其平衡中心线与曲柄中心线有相位角，使峰值扭矩降低，并使上冲程较下冲程慢。当驴头在右侧时，曲柄顺时针转动。

（2）抽油泵。抽油泵是抽油系统的井下设备，它所抽吸的液体中含有砂、蜡、气、水及腐蚀性物质，其又在数百米到数千米的井下工作，有的深井泵内压力会高达 20MPa 以上。所以，它的工作环境复杂，条件恶劣，而泵工作的好坏又直接影响油井产量。因此，抽油泵一般应满足下列要求：结构简单，强度高，质量好，连接部分密封可靠；制造材料耐磨和抗腐蚀性好；使用寿命长；规格类型能满足油井排液量的需要；适应性强；便于起下；在结构上应考虑防砂、防气，并带有必要的辅助设备。

3. 无杆抽油设备

（1）电潜泵举升技术。电潜泵全称电动潜油离心泵，简称电泵。电潜泵的工作原理是地面电网电能通过变压器降压、控制屏监测和调控、潜油电缆的传输等传递给井下潜油电机，潜油电机带动井下多级离心泵工作将地层产油抽至地面。

电潜泵是井下工作的多级离心泵，其电能是通过潜油电缆由地面电网传送的。近年来，国内外电潜泵举升技术发展很快，在非自喷高产井或高含水期大排量提液井的生产中，电潜泵正在发挥着越来越重要的作用。

潜油电泵机组的井下机组部分由潜油电机保护器分离器和多级离心泵组成；电力传输部分为潜油电缆；而地面控制部分由变压器、控制屏和接线盒等组成。电潜泵井下机组的潜油电机是一种两极、三相鼠笼式异步感应电机，与普通交流电机相比，它具有外廓尺寸细长、转子和定子分节、密封严格等特点。潜油多级离心泵的工作同地面离心泵一样，只是受井筒的限制及满足较高扬程的需要，潜油离心泵同样要设计得又细又长，且需多级叶轮串联工作，以便逐级增压后获得一定的扬程将井液举到地面。

（2）水力活塞泵采油技术。水力活塞泵是一种液压传动的无杆抽油设备，其井下部分主要由液马达、抽油泵和滑阀控制机构组成。水力活塞泵采油的基本原理是动力液由地面加压后经油管或专用动力液管线传至井下，通过滑阀控制机构不断改变供给液马达的液体流向来驱动液马达做往复运动，从而带动抽油泵进行抽油。

水力活塞泵抽油系统是一个由许多不同机械或设备联合成一体以达到抽油目的的系统。整个系统由两大部分组成，即水力活塞泵油井装置与地面流程。水力活塞泵油井装置包括水力活塞泵井下机组、井下器具管柱结构和井口装置。地面流程则包括地面高压泵机组、高压控制管汇、动力液处理装置、计量装置和地面管线等。

开式循环单井流程抽油系统的工作原理是动力液经地面高压柱塞泵加压后，通过高压控制管汇进入地面油管，再经井口装置由油管内下行至井下水力活塞泵，驱动井下机组的马达带动抽油泵工作，驱动液马达后的乏动力液与抽出的油，在封隔器以上的油套管环形空间混合并返至地面，混合液经分离器进行油气分离，脱气混合液再进入动力油罐做沉降净化，部分净化的原油继续进入高压柱塞泵经加压后作为动力液，而其余部分液体输至集油站。水力活塞泵因其井口设备简单、易于检泵、对深井和斜井的适应性强以及其排量、冲次可在较大范围内平滑调节等特点，对油井条件具有良好的适应性并且有良好的应用前景。

（3）水力射流泵采油技术。水力射流泵又称水力喷射泵，它是利用流体的能量守恒与转化原理而设计开发的一种新型采油泵种。由于水力射流泵结构简单、体积小、坚固耐用且没有运动部件等，其在抽吸腐蚀和磨蚀性油井流体及井身结构复杂（如斜井、水平井等）的油井生产中得到了良好应用。

井下水力射流泵主要由喷嘴和喉管组成，常用的射流泵流程为开式系统，即高压动力液经动力液管柱泵入井内，然后通过喷嘴产生高速射流，增速后的动力液的压力大大降低（能量守恒定律），因而在喷嘴出口处形成一个低压区，井筒产液经专门设计的流道被吸入该区，与动力液混合后一同经喉管流向扩散管，在扩散管中混合液的压力又因其流速的降低而增高，在此力作用下，混合液经生产管柱流道被排至地面，从而实现抽油的目的。水力射流泵的优点为排量范围大，适用于斜井、水平井，便于自动化管理，适合举升稠油，对井液含砂有一定的适应性，且便于维修和进行井液化学或热力降黏等。

（三）气井开采的特点与措施

1. 气井开采的特点

（1）气井的阶段开采明显。大量的生产资料和动态曲线表明，这类气藏气井生产可分为三个阶段，即产量上升阶段、稳产阶段、递减阶段。在裂缝孔隙型和低渗透型气藏气井生产中，除前三个阶段外，还存在末期稳产阶段。

1）产量上升阶段：仅对井底被损害而损害物又易于排出地面的无水气

井才具有这个特征。在此阶段,气井处于调整工作制度和井底产层净化的过程,产量、无阻流量随着井下渗透条件的改善而逐渐上升。

2)稳产阶段:产量基本保持不变,压力缓慢下降,稳产期的长短主要取决于气井采气速度。

3)递减阶段:当气井能量不足以克服地层的流动阻力、井筒油管的摩擦阻力和输气管道的摩擦阻力时,稳产阶段结束,产量开始递减。

前三个生产阶段为一般纯气井开采所常见。在裂缝孔隙型和低渗透型气藏气井生产中还存在末期稳产阶段。

末期稳产阶段:产量、压力均很低,但递减速度减慢,生产相对稳定,开采时间可延续很久。

上述四个阶段的特征在采气曲线上表现得很明显,而第四个阶段在裂缝孔隙型气藏中表现特别明显。

(2)气井有合理产量。气驱气藏是靠天然气的弹性能量进行开采的,因此,充分利用气藏的自然能量是合理开发好气藏的关键。

(3)气井稳产期和递减期的产量、压力能够预测。根据生产井节点系统分析方法,可对气井稳产期和递减期的产量、压力进行预测。

(4)采气速度只影响气藏稳产期的时间长短,而不影响最终采收率,采气速度高,稳产年限短,反之,则稳产年限长。从气驱气藏生产趋势看,无水气藏气井的采收率都是很高的,可达90%以上。渗透性好的高产气井稳产期采出程度可达50%以上;低产气井稳产期的采出程度较低,一般低于30%。

2.无水气藏气井的开采工艺措施

(1)可以适当采用大压差采气,其优点是:①增加了大缝洞与微小缝隙之间的压差,使微缝隙里的气易排出;②可充分发挥低渗透区的补给作用;③可发挥低压层的作用;④能提高气藏采气速度,满足生产需要;⑤净化井底,改善井底渗透条件。

(2)应正确确定合理的采气速度。在开采的早中期,由于举升能量充足,水对气井生产的影响不大,但气藏也应有合理的采气速度,在此基础上制定各井合理的工作制度,安全平稳采气。对某些井底有损害、渗滤条件不好的气井,可适当采用酸化压裂等增产措施。

(3)充分利用气藏能量。在晚期生产中,由于气藏的能量衰竭,排液(主要是凝析液)的能量不足,如果管理措施不当,气井容易减产或停产。为使晚期生产气井能延长相对稳定时间,提高气藏最终采收率,应充分利用气藏能量,根据举升中的矛盾采取相应的措施。

1)调整地面设备。对于不适应气藏后期开采的一些地面设备应予除去,尽量增大气流通道,减少地层阻力,增大举升压差,增加气的携液能力,延长气井的稳产期。

2)周期性降压排除井底积液。实践证明,在气藏开采后期,如果凝析液在井底积累,则对无水气井生产的影响也是严重的。采用周期性降压生产或放喷的措施可排除井底积液,恢复气井的正常生产,周期降压排除井底积液的常用方法有周期性降压生产和井口放喷。

第一,周期性降压生产。气井生产一段时间后,生产压差减小,气量也减小,气流不能完全把井底积液带出地面。因此,可周期性地降低井口压力生产,以达到排除井底积液的目的。

第二,井口放喷。上述降压生产的办法有时要受到输气压力的限制,故有局限性。当采用降压生产还不能将井底积液带出来时,为了延长气井生产寿命,最大限度地降低地面输压对气井的回压,可采用井口放喷的办法。井口放喷时,井口回压可接近当地大气压力,使生产压差增大,带液能力增强。把井内积液放空,转入正常生产后,气井产气量可得到恢复。

上述各种措施,对纯气藏和气层水(指边、底水)不活跃的气藏具有一定的代表性。在气藏开采后期,对气井稳定生产具有一定的作用。

第三章　海洋油气资源开发利用的
生态机制与共同发展

第一节　海洋油气资源开发利用的发展战略

一、海洋油气资源开发利用的发展原则

"海洋被誉为'蓝色国土',是一个巨大宝库,不仅能够提供丰富的渔业资源,而且海底还蕴藏着极其丰富的石油、天然气和天然气水合物等能源矿产资源。"[1]海洋油气资源是指由地质作用形成的具有经济意义的海底油气等矿产资源。随着陆地油气资源开采逐步进入衰退期,占据世界油气资源30%以上的海洋油气资源越发受到重视,并随着海洋油气开采工程技术的提升成为未来新增油气产量的主要构成。

以国家海洋大开发战略为引领,以国家能源需求为目标,实现近海稠油、东海天然气高效开发,加大深水油气资源勘探开发核心技术和重大装备攻关,"以近养远""屯海成疆",建立覆盖深水、中深水、浅水在内的多元油气开发和供给体系,保障国家能源安全和海洋权益,为走向世界深水大洋做好技术储备。

海洋油气资源开发利用的发展原则,如图 3-1 所示。

(1)坚持创新原则,形成特色技术。坚持"自主创新"与"引进集成创新"相结合的原则,力争在海洋资源勘查与评价技术领域有所突破,努力形成适用不同勘探对象的特色技术系列。

(2)加强科技攻关,注重成果转化。继续加强海洋资源地质理论、认识和方法的基础研究,坚持实践,为海洋资源勘查提供理论指导和技术支撑。

---

① 王建强.探测海洋油气资源之路[J].自然资源科普与文化,2021(4):20.

继续加快技术攻关,着眼于常规生产问题,推广和应用先进适用的成熟配套技术;着眼于研究解决勘探难点和关键点,形成先进而适用的有效技术;着力解决制约勘探突破的"瓶颈",继续完善初见成效的技术,及时开展现场试验;着眼于勘探长远发展,做好超前研究和技术储备。

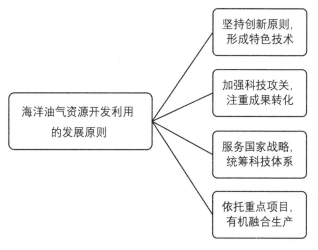

图 3-1 海洋油气资源开发利用的发展原则

(3)服务国家战略,统筹科技体系。紧密结合国家油气资源战略,以海洋资源勘查领域为导向,以科学发展观为指导,统筹基础与目标、近期与远期、科研与生产、投入与产出的关系,针对目前海洋资源勘查生产实践中存在的挑战和需求,不断完善科技创新体系。

(4)依托重点项目,有机融合生产。依托与海洋资源勘查相关的国家重大专项计划与科技研发项目,有机地融合勘查工作需求,形成一系列针对复杂勘探目标的勘探地质评价技术、地球物理勘探技术、复杂油气层勘探作业技术等配套技术系列,为油气勘查的不断发现和突破提供技术支撑和技术储备。

二、海洋油气资源开发利用的战略目标

(一)海洋油气资源开发战略目标

海洋油气资源勘探开采能力实现由 300m 到 3000m、由南海北部向南海中南部、由国内向海外的实质跨越,2030 年海洋油气资源勘探开发利用能力部分达到世界领先水平,建设南海气田群示范工程,助力南海大庆和海外大庆。

(1)渤海:建立国家级油气能源基地。针对渤海丰富的稠油资源储量,勘探开发相对成熟,可将其建成国家重要能源基地和"以近养远"的战略基地。规划在 2020—2030 年力争稳产 4000 万吨油气当量年产规模。以海上稠油油田为主要对象,初步建立健全海上稠油聚合物驱油及多支导流适度出砂技术体系,加快化学复合驱、热采利用的研究和应用步伐。以渤海稠油油田为主要对象,借鉴陆上稠油油田开发的成功经验,发展海上稠油开发技术,形成具有中国特色的海上稠油开发技术体系。到 2030 年,通过海上油田高效开发系列技术,为渤海油田"年产 5000 万立方米油当量、建设渤海大庆"提供技术支撑。

(2)东海:国家天然气稳定供应基地和东海"屯海成疆"前沿阵地。东海油气开发区天然气资源丰富,勘探开发程度低,潜力较大,可将其建成国家天然气稳定供应基地和东海"屯海成疆"前沿阵地。规划在 2025 年达到 200 亿立方米,2030 年实现 300 亿立方米的规模。

(3)南海

1)南海北部:以点带面,实现深海工程技术的应用与提升。以荔湾 3-1 气田群、陵水气田群、流花油田群为依托建成南海北部气田群和油田群,建立深水工程技术、装备示范基地,为南海中南部深水开发提供保障。

2)南海中南部:外交协同,促进资源的开采与权益保护。外交协同,独立自主开发,稳步推进深水油气勘探进程,以民掩军,建立"屯海成疆"前沿阵地,维护国家海洋权益。

(二)深水工程技术战略目标

在目前已基本形成的深水油气田开发工程装备基本设计技术体系基础上,到 2030 年,实现 3000m 水深深远海油气田自主开发,实现 3000m 水深深远海油气田装备国产化,进入独立自主开发深水油气田海洋世界强国。

三、海洋油气资源开发利用的发展建议

(一)建立经济、高效的近海油气田开发技术体系

海上油气开发是一项复杂的技术密集型产业,需要勘探、开发、工程、环

保、经济等多学科协同合作,构建一套完善的近海油气田高效开发技术体系与科技发展战略。秉承一体化的开发理念,包括勘探开发一体化、油藏工程一体化和开发生产一体化三个方面,将各学科紧密联系起来,使各专业工作更有针对性、目的性,通过协同合作,提高工作效率,压缩开发成本;构建完善的开发技术体系,形成整体加密及综合调整技术、稠油热采技术、聚合物驱技术三大海上油气田开发及提高采收率技术体系,为近海不同类型油气藏高效开发提供技术支撑;建立完备的保障体系,包括安全保障和环保保障,确保近海油气田在实现高效开发的同时,不存在人身安全隐患和环境污染问题,创建和谐的社会人文环境,为海上油气田高效开发保驾护航。

(1)渤海油气开发区。依托国家重大专项、海洋石油高效开发国家重点实验室等科研平台,我国近海已初步形成"海上稠油油田丛式井网整体加密技术""海上稠油聚合物驱技术""海上稠油热采技术"等技术体系,并在渤海进行了示范应用,取得了良好效果,下一步渤海油气区将加大这三项技术的推广力度,依托先进技术体系实现渤海油气区高效开发。

(2)东海油气开发区。东海天然气资源丰富,但地缘政治复杂,且气田开发不同于油田开发,需要构建产销一体的供气管网及稳定的下游销售,因此东海油气区的开发战略应着眼整体布局、上下游双向调节,同时还要紧密结合国家战略需求。

(二)建立深水油气田勘探技术体系

为发掘深水区新的勘探领域,南海建立了深水地震采集、处理和储层及油气预测一体化技术体系。

(1)形成南海深水区复杂构造及储层地震采集处理关键技术。开展南海深水区宽频、宽/全方位采集技术攻关,获取高精度地震资料;开展针对海上宽/全方位地震采集数据的地震资料处理配套技术研究,高精度快速建模及各向异性成像技术研究,有效改善地震资料处理的精度;开展富低频地震资料储层及油气预测配套技术、小波域储层流体识别技术研究,提高深水区储层及油气预测成功率。

(2)形成深水区优质储层预测技术。分析深水区优质储层的形成条件及其分布规律;在沉积体系的约束下,利用地球物理技术,识别储层展布特征;建立深水区优质储层预测技术方法和体系。

(3)深入开展南海中南部盆地油气地质条件研究。人们充分利用新的地震资料,深化盆地结构充填演化等基础地质认识,进一步明确南沙海域主要盆地油气地质条件和资源潜力,厘定油气资源潜力,优选骨干富油气盆地或凹陷,探索南沙海域独特地质条件下油气成藏的主控因素,为大南海地质规律研究提供素材和依据。

(4)完善深水大中型油气田成藏理论。以大南海的区域整体研究为基础,深化大南海区域整体构造、沉积演化研究;深化南海深水区优质烃源岩研究;加强南海深水区关键成藏条件研究,揭示深水区油气成藏动力机制,总结深水区油气成藏规律;完善深水区大中型气田成藏理论,指导深水区油气勘探。

(5)进一步突破深水勘探重大装备和技术。我国深水油气勘探作业装备和技术基础仍相对薄弱,尤其是自主核心装备和核心技术数量有限,未来要重点突破3000m深水勘探装备的关键技术,在深水钻井装备、深水物探装备等重大装备及测井、录井等深水勘探专业技术方面获得新的突破,为我国深水油气勘探提供装备和技术支撑。

第二节　海洋油气资源开发利用的生态损害与补偿机制

生态补偿是从资源利用产生的经济收益中提取资金,通过物质、能量的方式反哺生态系统。海洋生态损害是指直接或者间接地把物质或能量引入海洋环境,产生损害海洋生物资源、危害人体健康、妨害渔业和海上其他合法活动、损害海水使用素质和减损环境质量等有害影响。

海洋油气勘探开发工程一般要经过地球物理勘探,海洋勘探钻井,海洋油气开发钻井和开发平台的建造、安装、投产,海洋油气集输及油气终端处理等阶段。海洋油气资源开发的生态损害主要是指海洋油气资源的日常开发和突发性的海洋溢油污染事故造成海洋生物资源的损失、海洋生境的改变和海洋生态系统服务功能的损失。

近年来,海洋油气勘探开发力度的日益加大,沿海经济规模的日趋庞大,日常开发及突发性溢油事故造成的海洋污染和生态损害日益严重。针对海洋油气开发造成的生态损害进行有效的生态补偿,是我国实现海洋经济和生态环境协调发展的重要任务。

一、海洋油气资源开发的发展态势

海洋油气资源开发的勘探、钻井、生产、集输、运销等环节都是在海洋中进行的,近年来随着海洋油气资源开发规模和力度的加大,呈现出以下发展态势。

(1)技术含量日益提高。海洋油气资源开发是在从几十米甚至到几千米的深海作业,尤其对深海油气开发的装备和技术含量要求越来越高。海洋油气开发活动还会受到恶劣海洋气候的影响,在复杂多变的海洋自然环境下进行深水、绿色、安全的海洋油气开发日益需要更高的技术含量。

(2)海洋油气勘探的安全和环境风险增加。海洋油气资源开发面临较大的安全和环境风险,平台作业井喷、溢油、爆炸等事故可能造成极大的环境污染,严重威胁人身、财产安全;并且,由于海上操作平台远离陆地,加之海上环境的复杂性,风险排查和救援的时间和效果会大打折扣,往往导致油污快速蔓延。

(3)海洋油气开发与其他海洋产业相关性日益增强。海洋油气开发造成的污染损害会直接威胁海洋航运、海洋渔业、海水养殖和滨海旅游等海洋产业的发展。

(4)海洋油气开发的国际化进程加快,国际性污染威胁日益积聚。海洋油气开发是资本、技术高度国际化产业,且会产生国际性污染威胁。

二、海洋油气资源开发利用对生态环境的损害

(一)海洋油气资源开发对生态环境的直接损害

海洋生态环境保护范围逐渐扩大,包括对海洋自然生态环境、人为影响的生态环境和海洋生物资源等多个部分。从生态学上看,海洋生态损害是对海洋生态系统的空间、大气、水和生物等要素及其整个系统平衡的破坏。海洋油气资源开发对海洋生态环境的直接损害表现,如图3-2所示。

1.对海洋水体环境的损害

(1)海洋油气资源日常开发对海洋水体环境的损害:受联合水动力条件的影响,海洋油气资源日常开发的石油类污染物不易向外海扩散,加剧了对近海环境的污染。对海洋水体环境的损害包括钻井屑、钻井泥浆、含油污水、汞、铅、砷等重金属污染物和其他污染物。

(2)突发性海洋溢油事故对海洋水体环境的损害:突发海洋溢油事故,使石油进入海洋;大气中低分子石油烃也会沉降到海洋水域;海洋底层的局部可能发生自然溢油;石油在海面形成的油膜能阻碍大气与海水之间的气

体交换,致使海洋生物大量死亡,间接造成海洋污染物增多、含氧量降低等,这些方面均直接或间接造成海水质量下降。

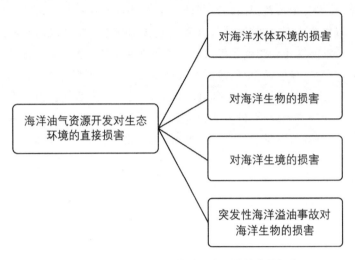

图 3-2　海洋油气资源开发对生态环境的直接损害

2. 对海洋生物的损害

石油入海后会经历包括扩散、蒸发、溶解、乳化、沉降、形成沥青球等一系列复杂的变化,使得一个地方的石油污染会随季风洋流等扩展到其他海域,进而影响大范围的海洋动植物,并且石油类污染物沿着食物链转移,最终影响人类的身体健康。其对海洋生物的损害主要表现为以下方面:

(1)海洋油气资源日常开发对海洋生物的损害。海洋油气勘探钻井中的水下爆破,对海洋生态环境造成了严重破坏,其中对海洋动物的影响最为明显。在进行爆破时,瞬间产生的高温高压气体和随之而来的冲击波、噪声、大量悬浮物会对附近海域的海洋生物造成灭顶之灾。从鱼、虾、贝类的幼体来看,损害较大。由于幼体大多以卵的形式存在,或者是较为脆弱的幼苗,缺乏感应和逃避外界环境变化的能力,冲击波会直接导致爆炸发生范围内较多的卵和幼苗的死亡。水下爆破会产生大量的悬浮物,造成海水中的悬浮物含量和无机氮等的异常,海洋生物在能见度极低的环境中长期生活,会降低海洋植物的光合作用,导致植物大量死亡,最终使动物饵料减少,鱼类大量死亡。大量的悬浮物质也会造成鱼类的鳃部被堵塞而呼吸困难,影响成长发育,甚至会造成窒息死亡。另外,水下爆破使相关海域中的鱼类栖息和繁殖环境受到破坏,使较弱的幼体无法安全成长繁殖。

（2）海洋油气日常开发产生的水体和固体污染物对海洋生物的损害。海洋油气日常开发主要产生大量水体和固体污染物。其中，水体污染物除了生产生活用水还包括废弃泥浆、洗井和作业废水、油轮压舱和洗舱水；固体污染物主要有钻屑、油砂等。除石油类外还包括挥发酚、悬浮物、可溶性金属、盐类、硫化物和磷化物等。盐类的增加会影响局部海水渗透压，造成生物细胞缺水，影响正常生理活动甚至会危及生命。可溶性金属的作用类似于烃类物质会被鱼类、贝类等底栖动物吸收，并且会通过食物链最终进入人体，影响人类健康。

（3）突发性海洋溢油事故对海洋生物的损害

第一，突发性海洋溢油事故对海洋内部动植物的损害。突发溢油造成的油气泄漏直接进入海洋。漏油在海面的扩展会形成大范围的油膜，而油膜的消散速度较慢，会对海洋生物产生长期的影响。实验证明，油从水中消失 50% 所需时间，在 10℃ 温度下大约为 1 个半月；在水温为 18～20℃ 时，时间为 20 天；当达到 25～30℃ 时，降至 7 天左右；渗入沉积物的石油消除较难，所需时间要几个月至几年；而三大洋表面年平均水温约为 17.4℃，在只考虑温度的情况下，油膜的消失速度大约在一个月。油膜的长期存在极大程度上影响了动植物的生存和生产。下面从食物链的作用过程分析对海洋动植物的影响。

浮游植物作为生产者，是整个食物链的摄食基础。扩散于海水表面的油膜使进入表层海水的光照辐射量减少了 10%，降低了浮游植物的光合作用强度，导致浮游植物的减少，海水中的氧气浓度减少，二氧化碳的浓度增加，直接影响了以其为食的浮游生物，进而也使各种鱼类及大型海洋生物受到影响；并且颗粒态油易被底栖无脊椎动物摄食，随食物链进入各种生物体内，当被捕捞进入市场后，会危害人类健康。海面浮油会使得烃类毒物聚集在海水表层，在各种烃类中，毒性按链烃、环烃、烯烃、芳香烃的顺序由低到高。石油烃是多种烃类及其他有机物的混合物，会对细胞膜的正常结构和通透性产生破坏，扰乱生物体的酶系活动，使海洋生物生理过程异常。

另外，石油中的某些烃类与部分海洋生物释放的化学信息较为相似，容易传递错误信息，导致许多生物的猎食、繁殖、迁移等行为的紊乱，威胁海洋生物的生存和发展。

第二，突发性海洋溢油事故对海鸟的损害。海洋油气开发不仅影响海洋中的鱼虾贝类等生物，也对鸟类的生存和成长具有很大影响，长期海洋石油污染给海鸟带来的损害，远超海洋石油污染事故的直接经济损失。

石油污染对鸟类的影响主要包括：①海水中石油类浓度过高，会被海鸟直接吞食，造成呼吸困难，窒息而亡；②鸟类通过接触海水而获取食物，海水上的油膜会附着在鸟类的羽毛上，使海鸟体重增加，影响飞行甚至发生坠海；③为适应飞行，鸟类的羽毛具有特殊结构，油膜的附着会改变羽毛结构，使其飞行能力和保持体温的能力下降，最终走向死亡；④鸟类以水中小型鱼虾类为食，长期摄入体内含有石油类有害物质的鱼虾，会引发各种疾病，附着在鸟类羽毛上的石油类物质也会通过用嘴梳理羽毛的过程摄入，严重刺激消化器官，损坏肝脏；⑤油气田开发直接破坏海洋内动植物栖息环境，导致附近海域食物短缺，雏鸟生存难以维系。

第三，突发性海洋溢油事故对海兽的损害。海兽除鲸、海豚等以外体表均有毛，石油对其损害的原理可参考鸟类。油膜能玷污海兽的皮毛，溶解其中的油脂物质而使海獭、麝香鼠等海兽丧失防水和保温能力。对于体表无毛的海兽，如鲸、海豚，油块能堵塞其呼吸器官，妨害它们的呼吸，甚至因此窒息而亡。另外，海兽的摄食、繁殖、生长等也会受到污染的影响。

3. 对海洋生境的损害

海洋油气的不合理开发会扰乱整个海洋生态系统的物质循环和能量流动，从而导致海洋生物赖以生存和发展的生态环境受到严重破坏。珊瑚礁、红树林等是海洋生物的主要栖息地，此类栖息地的退化和消失是海洋生物生境受到破坏的典型表现。

珊瑚礁不但为许多海洋生物提供了良好的生境，而且其本身的生长和繁殖对光照、温度等具有较高的要求。珊瑚礁生态系统相对脆弱，很容易在海洋油气资源开发过程中受到损害。随着海洋开发规模的扩大、污染的加剧和人类的过度捕捞，珊瑚礁及其伴生物种类大量减少甚至消失，进而导致海洋动植物失去栖息地，生物多样性减少。

红树林也生存在潮间带的环境中，是一种典型的潮间带生物。海面上的石油会漂浮到海岸和沿海的滩涂，从而破坏潮间带上生物的生存环境，而潮间带环境的恢复往往需要数十年甚至更久的时间。对红树林而言，海洋溢油污染事故泄漏的油污会附着在红树裸露的树干、主干根茎和具有呼吸作用的根茎上。红树的呼吸孔被堵塞，呼吸作用被影响，红树体内的水盐平衡被打破，造成红树的叶子非正常脱落、树干变畸形、红树的生长被阻止甚至红树的种子死亡，从而使红树无法繁衍生息，对红树林的影响可以长达20年甚至永久性毁伤。

(二)海洋油气资源开发对生态环境的间接损害

(1)对大气中氧气供给的损害。在海洋中生存的植物和一部分微生物可以通过光合作用来产生氧气,它们是地球氧气供给中的主要生产者和提供者。海洋溢油污染事故泄漏的石油及其形成的油膜漂浮在海水表面,遮挡了阳光照射,使得海洋生态系统无法进行光合作用,从而导致地球的氧气产量降低,氧气供给不足,更糟糕的是造成地球大气圈中的含氧量不足,严重破坏了大气圈中碳氧交换的平衡性。

(2)对大气环境调节气体的损害。无论是生存在陆地上的植物还是生存在海洋中的植物,二氧化碳都具有固定作用,即植物具有的固碳作用。附着在海洋表面的油膜使阳光无法照射到海洋中的植物,从而使植物的光合作用无法进行,进一步影响海洋植物的固碳作用,致使二氧化碳在生态系统中不能够完成转化,大量的二氧化碳存蓄在大气层中,加剧温室效应,破坏地球生态环境。海面形成的油膜会阻滞大气和海水间的气体交换,削弱海面对电磁辐射的吸收、传递和反射;而覆盖在极地冰面的油膜,由于长期分解困难,会导致冰块的吸热能力提升,冰层融化加快,造成海平面上升,对气候变化产生潜在影响。

(3)对生态环境中基因资源的损害。生物多样性是在一定时间和一定地区所有生物(动物、植物、微生物)物种及其遗传变异和生态系统复杂性的总称。海洋是一座丰富的生物资源大宝库。海洋石油的污染物对海洋生物具有致其死亡,使其后代产生畸形、变异的长期危害。由于石油及其化学物质具有的稳定性,使其不容易被快速降解,从而导致海洋生物及基因资源损失。

(4)对海水自净能力的损害。海洋能够通过海洋中的微生物和浮游生物吸收、分解排入海洋生态系统中的废水、废气等污染物,这种对污染物自净的能力被称为海水自净能力,但是海水的自净能力是有承受上限的,一旦污染物的进入量超过了海水自净能力的上限,海水就会丧失或降低容纳消减污染物的能力。微生物和浮游生物由于受到石油毒害,丧失活性和死亡,从而加剧海洋石油污染的影响,形成恶性循环。

三、海洋油气资源开发利用的生态补偿机制实施路径

海洋油气资源开发生态补偿是在国家许可范围内进行海洋油气资源的

开发利用,对海洋油气资源的日常开发和突发性溢油事故造成的生态损害,由开发利用者和受益者向海洋生态环境的受损者和保护者提供政策、资金、实物、技术、智力等多种补偿,实现外部性成本的内部化,协调利益分配,促进资源可持续利用和生态环境的有效保护。

(一)海洋油气资源开发的生态补偿主体

生态补偿机制既是一种利益协调机制,也是一种责任承担机制。因此,明确界定海洋油气资源开发生态补偿权利的享有者和补偿义务的承担者非常必要,即明确补偿主体及其责权利关系。

1.海洋油气开发的支付补偿主体

海洋油气开发的生态补偿支付主体是指在海洋油气资源开发中承担补偿责任和履行补偿义务的主体,包括海洋油气资源所有者国家、在补偿中发挥主导和监管作用的政府、因海洋油气资源的开发对海洋生态环境产生污染和损害的企业。

(1)国家。国家作为海洋资源的所有者,是权利和义务的统一体,享有对海洋油气资源开发行为的许可权的同时也成为许可责任人;国家的职能之一是提供公共服务,营造良好的生态环境。国家作为提供社会公益的主体,也是生态补偿的决策主体。对海洋油气资源开发造成的生态损害进行补偿和修复是国家的责任和义务。

(2)政府。政府代表国家行使对自然资源的所有权、管理权和监督权。这主要是由两方面决定的。

第一,政府的行政职能。政府是国家的行政机构,我国相关法律规定国家对自然资源的管理需要通过政府的行政职能来实现。通过政府补偿方式和手段,实现对海洋油气资源开发的生态补偿,矫正失衡的海洋生态利益分配。

第二,政府的公共服务职能。政府的主要职责之一是提供公共服务。环境、自然资源与整个生态系统具有公共物品的特殊属性。海洋油气资源作为典型的公共物品,具有明显的外部性。海洋油气资源开发主体间关系复杂,不但产权难以清晰界定,而且产权界定成本过高,且受外部性制约,存在市场失灵,需要政府引导生态补偿。

(3)海洋油气资源开发企业。根据生态补偿原则"谁污染谁治理"和"污染者负担、受益者付费",海洋油气资源开发企业成为海洋油气资源开发生态补偿的直接责任主体。海油开发企业通过开采海洋油气资源的行为获取丰厚利润,成为受益者的同时,也成为海洋污染和生态环境的破坏者。为此,海洋油气资源开发企业既应作为海洋油气开发的受益者,为海洋油气资源的耗减和生态环境破坏付费,也应按照相应标准负担外部性治理的费用,通过排污外部成本的内部化,促使污染者从理性经济人的角度,减少污染行为。

结合海洋油气资源开发的实践,由于资源需求大、作业高度复杂、高成本与高风险等特点,海洋油气开发往往以众多主体合作开发的模式进行。因而,海洋油气资源开发油污责任主体的责任风险、主体关系与利益关系异常复杂,错综复杂的合同关系和权利、义务分配,给责任主体的划分和认定增加了难度。

海洋油气开发的主体角色通常有:取得特定区块开发权利的承租人或执照人、非作业者的合作开发者(如享有营业收益的合伙人)、作业者、平台所有人、平台的租赁方、其他设备和设施的提供者、其他服务提供方等。其中,作业者对开发活动具有重要的利益和直接、全面的控制能力,所以环境费用计入作业者的生产成本,可激励企业采取有效措施降低污染,实现外部成本内部化。因此"污染者负担原则"完全可以适用于海洋油气开发作业者,应作为生态补偿的主体。

(4)社会组织。除政府和企业外,还有些社会上的公益环保组织会自发进行生态补偿工作,这也构成了生态补偿主体。这些公益环保组织通常是第三方组织,既非政府组织也非盈利企业,既有国内环保组织又有国际环保组织。在生态环境问题已成为全球共识的背景下,充分依托国际环保组织的支持已成为生态补偿金的又一重要来源。

(5)外国作业方。由于国际化进程的加快,海洋油气资源开发较多采取国际合作模式。在国际石油合作过程中,如果外方是直接作业方,那么外方企业作为补偿主体。

2. 海洋油气开发的接受补偿主体

接受补偿主体是指海洋油气资源的开发利用中因海洋生态系统价值变化而遭受利益损失或是做出贡献,需要补偿的对象,包括因为海洋油气资源的开发而遭受损失者和为海洋油气资源开发的生态环境保护和修复做出贡献者。海洋油气资源开发生态补偿受偿主体的类型如下:

(1)因为海洋油气资源的开发而遭受损失者,海洋油气资源的开发活动会影响其他利益主体对海洋生态资源的开发利用,这些利益主体的经济收益会因此遭受损失。海洋油气资源开发的受损主体为:①因生态破坏直接遭受损失的主体;②生态建设过程中的受损者,包括由于生态环境保护而被迫丧失发展机会的居民。

(2)为海洋油气资源开发的生态环境保护做出贡献者,主要包括主动减少生态破坏者和生态系统的建设保护者。地方政府和居民主动减少生态破坏,由此付出的代价和丧失的发展机会应当给予其补偿;对海洋资源的合理开发和海洋生态环境的保护做出贡献的单位与个人应当给予补偿,激励他们的行为。

(3)海洋油气资源开发国际合作中的受损国海洋油气开发,是一项高度国际化的产业,随着国际海洋油气合作开发项目的日益增加,国际性的海洋油气开发污染事故的风险也在积聚。因此,在海洋油气开发中涉及对他国海域的生态环境造成损害时,造成损害的国家有义务对受损国家进行补偿,受损国家是跨国生态补偿的受偿主体。

(二)海洋油气资源开发生态补偿的特点

海洋油气资源开发生态补偿强调对生态环境损害进行补偿与修复,既区别于"损害赔偿",也不局限于海洋油气资源的"耗减补偿"和"经济补偿"。通过比较,海洋油气资源开发生态补偿的特点具体表现为紧下几点:

(1)海洋油气资源开发的"生态补偿"不同于"损害赔偿",除了弥补现实损害外,更强调对生态环境的长效修复和保护。二者的区别体现在:①从法律权利义务界定的角度来说,海洋油气资源开发的生态补偿是开发者或受益人有意识地承担生态外部性内部化的成本;而损害赔偿主要是损害义务人被动去承担生态外部性内部化的成本;②从行为性质上看,损害赔偿是基于直接的侵权损害行为而弥补损失的偿付方式,而海洋油气资源开发的生态补偿是在许可的开发范围内,进行补偿和修复建设。

(2)海洋油气资源开发是一个复杂的动态过程,海洋油气资源开发活动对生态环境的影响贯穿整个开发过程,因而除了对海洋油气资源自身耗减的资源补偿外,还应将由于海洋油气资源的开发导致的生态环境损害纳入生态补偿范围,如康菲溢油事故的生态补偿。当前,我国对资源耗减的补偿通过资源税费体现得比较明显,而对生态环境损害的补偿却很少体现。

(3)海洋油气资源开发的生态补偿不受限于单一的"经济"补偿,而是强调多种补偿方式综合运用的"生态"补偿。二者的差异体现在:①在补偿目的上,生态补偿旨在修复对海洋生态环境的损害和恢复生态系统功能,经济补偿是为了补偿海洋油气资源的耗竭;②在补偿方式上,生态补偿除资金补偿外还包括政策、实物、技术和自然修复的补偿,经济补偿以资金补偿为主。

(三)海洋油气资源开发生态补偿的方式

生态补偿方式是补偿的实现形式,是指选择一种合适的方式来实现生态资源价值补偿,也就是解决"如何补偿"的问题。海洋油气资源开发生态补偿的方式,如图 3-3 所示。

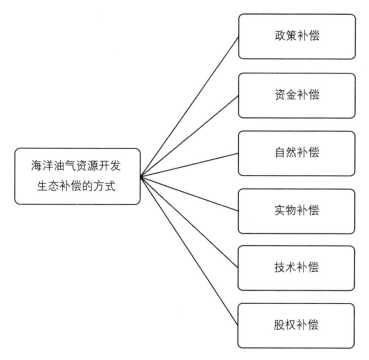

图 3-3　海洋油气资源开发生态补偿的方式

(1)政策补偿。国家和地方政府在实施海洋油气资源开发的生态补偿时,可通过设定政策优惠和优先权,提供受偿者政策扶持、发展权利和发展机会的补偿。其优势是宏观上对受偿者的发展产生指引作用,尤其对落后的资源开发地区。其主要表现形式为:产业、金融、财税、投资、人才引进、技术创新等方面的政策优惠和优先发展权利。例如,政府推行行政和经济政策为由于海洋油气资源开发而受损和转产的渔民提供创业或再就业的政策优惠。

(2)资金补偿。资金补偿是指补偿者通过直接支付给受偿者资金的方式,是最常见的补偿方式。对于解决受偿者的损失和资金筹集问题,既直接快捷又方便灵活,能有效协调生态环境经济利益。其主要表现形式为:海域使用金、海洋油气的税收、财政转移支付、补贴、贴息、优惠信贷、基金、保险金、加速折旧和赠款等,这些形式可根据具体的补偿情境和补偿对象综合使用。

(3)自然补偿。自然补偿是指海洋油气开发者对面临破坏风险的海洋生态环境有义务进行预警和保护,对已经被破坏的海洋生态环境有义务进行修复和重建,将受损海洋生态环境修复到基线状态。这对受损的生态环境既是最直接,也是最长远的补偿方式。这种自然补偿方式不但比传统或现代的物理、化学修复方法的成本低,而且无二次污染,但缺点表现为自然修复是一个漫长的恢复过程。由于这种补偿需要长期的自然恢复过程,因此,在实施中,海洋油气资源开发企业可以先在有第三方担保的前提下做出履行补偿义务的承诺,然后根据海洋生态损害的补救或修复计划,分阶段履行补偿义务。

(4)实物补偿。在海洋油气资源开发生态补偿的实施过程中,补偿者还要负责提供受偿者实际生活和生产所急需的生活和生产要素,帮助受偿者改善生活状况,提高生产能力。实物补偿有助于提高物质使用效率,影响生态环境。其表现形式为:提供物资、劳动力和土地使用权等。例如,对因海洋油气工程占地和海洋保护需要而搬迁的渔民提供住房和物资帮助。

(5)技术补偿。技术补偿是指一方面补偿者为受偿者或受损的生态环境区域提供无偿的信息咨询、技术培训、管理培训、高素质人才帮扶以提升受损区域的生产能力和发展机会;另一方面设立基金以加强对海洋生态环境的科研投入,为生态修复与建设提供指导。这种补偿方式的优点是相比于前面的"输血"型补偿,这是一种"造血"补偿,有助于解决该地区的可持续性生存发展问题。

(6)股权补偿。在海洋油气资源开发生态补偿的实施过程中,还可以根据实际情况采取股权置换的方式进行补偿,这也是一种补偿方式的创新。对于一些由于海洋油气开发项目的建设而丧失利用海洋获取发展机会权利的受偿者,可将其丧失的发展权利以折价入股的方式进行补偿。

(四)海洋油气资源开发生态补偿机制的实施

海洋油气资源开发生态补偿机制的实施,如图3-4所示。

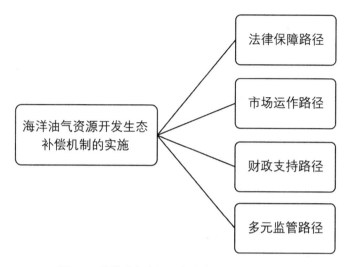

图 3-4　海洋油气资源开发生态补偿机制的实施

1.法律保障路径

　　法律是行为的规范和保障,良好的生态补偿秩序有赖于完备的环境法律体系。因此,要将环保优先、预防优先、公众参与等体现生态文明精神的理念贯彻到生态补偿的环境立法、执法和司法的各个环节,为生态补偿的有效落实提供法律保障。

　　(1)提高立法层次,健全生态补偿的法律体系。国家可在地方立法经验的基础上,综合保护海洋、公平用海、明智用海的各种需求,对海洋生态补偿不同层面的立法进行有效梳理与整合。这就需要重新梳理与规划海洋资源的立法体系,完备海洋生态保护的相关法律制度;规范授权,制定较高立法层次的海洋生态补偿法律法规,废除不合时宜的法规;及时颁布司法解释或者相关细则,解决法律交叉问题,使法律资源达到最优配置。

　　健全海洋油气资源开发生态补偿的法律体系可以分三个步骤进行:第一步,可以先由国务院制定生态补偿政策,明确国家关于生态补偿的各项指导意见;第二步,可以由国务院的相关部门制定《生态补偿条例》,正式进入行政规章阶段;第三步,综合专家和民众意见,颁布《生态补偿法》,对不同领域的生态补偿分章编撰,将海洋油气资源开发的生态补偿列为其中的一章,进行专门的法律规定,避免零散和重复。

　　(2)明确生态补偿的构成要素,提高法律制度的可操作性。在进行海洋油气资源开发生态补偿立法的同时,必须不断细化和完善海洋油气资源开发生态补偿的法律内容。一方面要在立法同时颁布配套的司法解释；另一方面要提高立法技术，科学界定海洋油气资源开发生态补偿的构成要素，将补偿范围、对象、方式、标准等以法律的形式确立下来，确保生态补偿法律的可执行性。

1)完善生态补偿主体的法律制度。

第一，完善海洋油气资源的产权制度和资源开发的许可证制度是划分补偿主体的前提。明晰的产权和许可证制度既是环境产权的界定、流转、交易、保护的制度和法律保障，也是贯彻环境保护的"预防优先"原则，严守海洋油气资源开发主体的市场准入关，进行源头保护的需要。

第二，明确补偿主体间的权利义务关系和责任承担是海洋油气资源开发生态补偿主体法律制度的核心内容。要合理运用法律法规所赋予的权利和义务，协调主体间的利益关系，落实生态补偿的责任承担。

第三，针对责任主体范围受限的问题，建议在海洋油气资源开发的生态补偿立法中增加"责任主体扩张"的立法。责任主体的合理扩大不仅有惩罚作用，还有激励和保护作用，会促进行业科学发展。在海洋油气开发这一涉及能源与环境的世界性问题上，在作业方、油田所有人与合作开发者、平台所有人或出租人之外，有进一步扩张责任主体(如融资方)的可能。

2)完善生态补偿标准的法律制度，制定量化的生态损害评估导则。确定海洋油气资源开发生态损害的责任范围是确定生态补偿标准的前提。补偿标准的界定应综合考虑海洋生态保护方的投入、受益方的获利、生态破坏的修复成本、生态系统服务功能的价值等因素。海洋生态补偿标准的下限应是海洋生态保护方的投入、海洋生态破坏的机会成本及修复成本三者的总和；补偿标准的上限应为"海洋生态系统服务功能的价值"。海洋生态系统服务功能价值的量化需要由国家法定的专业评估机构来进行。评估机构的设立条件和程序，都可通过制定相关制度进行规范。

3)完善生态补偿方式和手段的法律制度，明确方式和手段的作用边界。海洋生态补偿应综合运用政策补偿、实物补偿、资金补偿、技术和智力补偿等多种方式，征收生态补偿税、设置生态补偿费、设立海洋生态建设专项基金，以保证海洋生态补偿的实施效果。财政转移支付、差异性的区域政策、生态保护项目实施及环境税费制度等都归属为政府补偿手段；而一对一交易、市场交易及生态标签等则属于市场补偿手段。

4)完善生态补偿程序的法律制度。生态补偿程序基本内容包括：①生态环境保护项目实施公告。将在本地区实施生态环境保护项目的相关内容告知公众。②登记。参加生态环境保护项目一般遵循自愿原则。参加者应当根据公告,按规定的期限和方式向有关机关进行登记,这一环节是确定受偿主体范围的基础。③核算补偿金。补偿机关对受偿主体和当地的具体情况进行调查,依据一定的标准核算补偿金额。④公告补偿方案及听证。补偿机关将补偿的范围、标准、程序等有关事项以适当的方式予以公布。受偿主体可以提出异议,要求行政机关答复或举行听证。⑤支付和争议处理。补偿机关应当自做出补偿决定起一定期限内依照有关规定给予补偿;逾期不予补偿或者受偿主体对补偿决定有异议的,可以提起行政复议也可以提起诉讼。

5)完善生态补偿的国际化法律制度,加快与国际接轨。针对海洋油气资源开发的国际性,尽快实现生态补偿法律制度的国内法与国际法接轨,对处理跨国海洋油气资源开发的生态补偿案很有必要。

(3)完善海洋油气资源开发生态补偿的执法制度

1)建立专门的海洋执法主体是完善海洋油气资源开发生态补偿的执法管理体制的内在要求。海洋执法具有较强的专业性,不能和陆地执法部门或其他海洋管理部门混为一谈,而且专业化海上执法队伍的建立,保障了责、权、利的统一性,从而有利于行政效率的提高。

2)统一执法标准,规范执法行为,丰富执法手段。提升区域的海洋生态补偿的执法人员配备、经费预算和技术装备,提高执法能力;针对海洋油气开发生态补偿的跨域性,构建跨区域的联合执法体制;为保证执法的独立性,应减少某些地方政府部门对海洋油气资源开发生态补偿执法的阻碍;综合运用经济、法律、行政等多种执法手段,尤其应加大科研投入、提高执法的科技含量,探索更科学高效的执法手段。

3)严格问责制度。落实政府与生态补偿主管部门的职责权限主要表现包括:①健全与问责相关的法律制度,为问责提供法律依据和保障;②完善问责程序,增强可操作性,提高问责效能。完善问责程序是提升问责效能的关键,其核心是强化对问责客体的权力救济,其重点是增加问责的透明度,扩大公众知情权,而问责制的前提是信息真正公开;③强化异体问责,实现问责主体多元化。要突出异体问责的地位,就要建立以民意和媒体监督为基础,以权力机关为主导,社团和民众多方参与的相互协作、共同促进的异体问责体系。

(4)推进生态补偿的程序完善和司法救济。程序正义是保障实体正义、实现法治不可或缺的组成部分,程序具有独立的价值。司法救济是社会公平正义的最后一道防线。司法救济以个案审理的方式，解决行政机关与所有者在补偿问题上的争议。

1）建立海洋油气资源开发生态补偿的正当程序，以程序正义促进实质正义。在健全我国的海洋油气资源开发生态补偿实体法的同时，应对海洋油气资源开发的生态补偿的主体、补偿范围、补偿标准、补偿方式和手段等方面进行可操作性的法律程序规定，加大对弱势受害者的保护力度以及对违法或显失公平、公正补偿行为的救济力度。

2）完善海洋油气资源开发生态补偿的环境公益诉讼法律制度。由于海洋油气资源开发生态补偿错综复杂的利益主体关系和较广泛的受损范围，应摒弃"直接利害关系人"说，扩大诉讼主体的范围，考虑"实际损害"和"代际公平"的需要，赋予当代人为保护后代人平等享有生态福利的起诉权。环保和社会公益组织作为环境公益诉讼的原告，应适当降低原告的初步证明责任和负担诉讼成本，最终降低公益诉讼的门槛。

3）加快建设生态环境资源的审判制度。在出台环境司法专门审判程序的基础上，构建生态补偿司法案件的刑事、民事、行政"三审合一"的制度，极致发挥这三大诉讼法的协同作用。针对海洋油气资源开发的国际性和生态补偿的跨域性，探索设立跨行政区划的审判机构和管辖制度。严格落实登记立案制度，完善环境案件举证责任分配、因果关系认定、责任承担方式、损害鉴定评估等配套制度，畅通司法救济渠道。

2. 市场运作路径

推进生态补偿的市场运作是我国海洋油气资源开发生态补偿的重要发展方向，引导生态补偿主体在一定补偿标准的基础上，通过自愿、平等的市场交易和谈判协商实现合理的利益分配和责任承担。从一些发达国家的经验来看，各国也都通过市场化运作来推动海洋油气资源开发生态补偿的进程，保障海洋油气资源开发生态补偿资金支付的长期性和有效性。为缓解市场运作的困境，推进海洋油气资源开发生态补偿的市场化运作，需从市场交易、市场融资、市场化的奖惩和市场运作的保障四个方面来努力。

（1）推进市场交易机制

1）完善我国海洋油气资源产权制度是市场交易的前提。我国海洋油气资源所有权归属国家，可以通过改变管理权和使用权的方式来推进补偿工作。目前我国相关法律规定海洋矿产资源的采矿权和探矿权可以转让，但同时要求不以营利为目的，这就使真正具有经济意义的转让无法存在。政府可以将海洋油气资源的经营权和使用权交给海洋油气企业，打破"公有—

公用—公营"的模式,让所有权、经营权、使用权三权分立,引入市场竞争等手段。当然,推进海洋油气资源开发生态补偿的市场化运作并不意味着完全摒弃政府的主导地位,而是应当建立政府与市场相结合的海洋油气资源开发生态补偿模式,政府手段与市场手段相互协调、互为补充,实现海洋生态环境的可持续发展。

2)建立海洋油气生态损害价值评估制度是市场交易的基础。建立海洋油气生态损害价值评估制度,明确交易价值是市场化运作的前提。准确的生态损害价值评估是市场交易的前提。

第一,建立海洋油气生态损害价值评估机构及海洋油气生态补偿价值评估的资质审核制度,评估机构可以由全国各地海洋油气专业科研机构中的专家兼职组成,这样既节约了生态补偿的成本,又进一步提高了补偿的可操作性。

第二,通过发展海洋油污的跟踪检测技术、遥感技术和海洋地理信息系统,构建海洋油气资源开发的生态补偿技术体系。

第三,完善海洋生态系统服务的功能分类、补偿价值评估的指标体系和价值核算制度,科学地测定海洋油气资源开发的日常生态损害和突发溢油事故中的生态损害范围以及生态建设的受益范围,合理运用生态补偿资金。

3)价格协商机制的形成是市场交易的关键。价格协商机制的形成可以有效降低补偿过程中诸多因素造成的不确定性影响,从而能够更好满足利益相关者的利益分配需求。

供求连接着各类利益相关者,推进海洋油气资源开发生态补偿的市场化交易,应在海洋生态系统服务价值市场化的基础上明确界定供需双方。供给方需提供海洋油气资源开发生态补偿的利益分配方案,生态系统服务的修复和环境治理应该是补偿的最终目标;需求方的立场、偏好及对生态补偿方案的认同度是补偿能否顺利进行的关键。海洋油气资源开发生态补偿的市场交易过程中,在政府的引导或配合下,可以考虑前文所提到的多种价格博弈-协商方法,通过谈判协商方式实现补偿主体和补偿对象对补偿价格和意愿的统一。

4)"排污权交易"制度是市场交易的重要制度。排污权交易是以市场为基础的制度设计,其实质是通过海洋污染权的交易实现对海洋生态资源所有者和企业环保行为的补偿。海洋是典型的公共资源,沿海国家对所属海域及资源具有所有权,向海洋排放或倾倒污染物的行为是对海洋生态资源的损害,必须付出相应的经济代价,政府代表国家作为海洋生态资源的拥有者通过排污权的有偿使用和交易获得补偿。

政府部门在明确一定区域内海洋环境质量目标和海洋环境容量的基础上，测定和推算出污染物的最大允许排放量，将其分割成若干的排污权，通过拍卖、招标等方式将一定的排污权出售及分配给海洋资源的利用者，并且建立排污权交易市场，允许这种权利能够合法地自由买卖。获得排污权的经济主体可以进行一定污染物的排放，并根据排放需求进行市场交易。排污权交易制度，一方面能够实现海洋资源利用者的污染付费，使政府获得一定的生态补偿；另一方面能够控制海洋资源利用者污染物的排放总量，并使环保企业通过出售剩余排污权获得经济回报，对于激发企业环保积极性、抑制海洋污染物的排放、改善海洋生态环境具有重要意义。

(2)完善市场融资机制。目前，生态补偿的多元化市场融资正处于探索阶段，需要不断完善。政府、企业、社会组织和个人多主体的共同参与，拓宽了海洋油气资源开发生态补偿的融资渠道。发挥多元主体多种融资方式的合力，共同推进海洋油气资源开发的生态补偿工作，具体可考虑以下融资方式：

1)培育和发展海洋油气产业生态资本市场。要加强中国生态资本市场运行体系建设，推动具有竞争和比较优势的海洋生态环保企业的上市，提高海洋生态环保企业的资金流通性和融资能力。利用法律和政策对生态环保的支持和倾斜，发行海洋生态保护债券，促进社会资金流向海洋生态环境治理和保护。

2)发行海洋生态彩票。海洋生态彩票是一种重要的环保融资手段，融集的资金不仅可以直接用于海洋油气产业的生态建设，还可以为海洋溢油等突发性事故提供稳定的风险基金。海洋生态彩票公众易于接受，社会阻力小，能够吸引个人及社会组织对海洋油气开发生态建设资金的投入，集中全体社会成员的力量促进海洋生态环境的保护和建设。

3)推广优惠信贷。在保证信贷安全的基础上，采用信贷与海洋环境保护挂钩的方式，政府对于海洋生态环境的环保行为提供政策性担保，向海洋油气资源开发企业的绿色开发行为和项目提供优惠利率的贷款，吸纳个人或小规模企业的参与。通过优惠信贷的差异化利率引导资金流向有利于海洋环境保护的产业、企业和项目，缓解生态建设的资金压力，提高海洋生态环境保护的效率。

(3)启动市场化的奖惩机制

1)奖励机制。对于加强海洋生态建设的企业、机构和个人进行一定程度的生态补偿奖励。

第一,通过税收优惠、环保补贴、生态认证等市场经济手段对主动开展技术创新、生产节能环保产品、进行绿色开发的海洋油气企业给予政策和资金方面的奖励。

第二,对于贯彻国家绿色发展理念,推行绿色 GDP,在加强企业环保能力建设上取得一定成效的政府部门、组织和个人进行奖励,发放一定的环保津贴和奖金,用激励的方式推动决策者、参与者的环保倾向。海洋油气开发生态补偿的奖励机制能够引导各方主体的环保偏好,充分发挥多元主体共同保护海洋生态环境的积极性。

2)生态补偿处罚与理赔机制。加强对海洋油气开发企业的生态补偿评估和规划。

第一,监督机构通过评估和核查海洋油气企业的生态补偿进展情况,促进生态补偿计划的及时调整。

第二,监督机构可随机抽查和常规检查相结合,对生态补偿资金的使用过程和使用效果等情况及时掌握,查漏纠偏。

第三,对具有滥用生态补偿政策、以权谋私等行为的政府及其工作人员进行问责,不得提拔使用或者转任重要职务;对违反国家环保政策的企业进行合理的处罚。政府及相关部门按照相关规定,依靠强制力量确保海洋生态损害补偿金的缴纳和落实。对未能按期完成生态补偿、生态修复的企业及逃避生态建设责任的企业,按照生态环境损害程度进行经济和行政的双重处罚,情节特别严重的还负有刑事责任。

(4)健全市场运作的保障机制

1)推进油气行业的市场化改革。通过矿权改革建立油气上游市场,引入更多市场主体,培育资源市场,开放生产要素市场,使资源资本化、生态资本化。政府控制的矿产资源定价应充分考虑环境因素。

2)搭建数据共享和信息沟通平台。市场化的顺利运转有赖于对市场价格的掌握、市场经济形势的预测和国家经济政策的把控,畅通的信息数据交流是推动生态补偿市场化运作的基础,必须加强政府企业的信息公开和交流,搭建共享和沟通平台。

3)加强配套的市场运作法律法规和政策建设,确保生态补偿市场运作的规范性。通过法律明确生态补偿市场参与主体的地位、权限和责任;通过法律来规范多样化的生态补偿方式和手段的作用边界;抓紧健全各项配套制度,并在时机成熟时上升为法律规范,为市场的有序运作保驾护航。

3. 财政支持路径

(1)海洋油气税费体系应充分体现对生态环境损害的补偿。

1)希望未来通过税费改革,对税费体系能做一些体现生态环境损害补偿的税收规划。在种类设定、立税宗旨、内容、征收标准、分配和归属方面能适当体现对生态环境损害的补偿,充分发挥税收杠杆对海洋油气资源和海洋生态环境的保护作用。海洋油气资源的不可再生性和海洋生态环境的严峻形势迫切需要海洋油气产业由"掠夺式开发"转向"绿色开发"。在此背景下,有关环保税、油气资源税的制度设计不仅要充分体现资源本身的价值,还应补偿海洋油气资源开发对环境的负外部性影响,实现外部成本的内在化。通过环保税、资源税协调人与资源、环境的关系,促进资源的合理开发和环境的有效保护,实现可持续发展是资源税和环保税改革的终极目标。

2)将海洋油气资源的纳税环节提前至海洋油气资源的开采或使用阶段。对海洋资源环境影响的评估、补偿和保护工作应在海洋油气资源开采或使用阶段就开始考虑。引入环境影响的预警机制,有利于事前控制和对环境损害的风险防范,摒弃"末端治理",加强"源头严防",做到"未雨绸缪,防患于未然"。

3)海洋油气资源的补偿税率或费率应考虑资源耗减和生态环境损害两类成本:

第一,我国应加强核算海洋油气资源开发造成的资源损失成本和生态环境损害这两类成本,不仅要提取资源耗减补偿金,用于补偿资源自身的耗减成本,协调资源消费所带来的代际不公;更应从长远角度,提取一定比例的生态环境补偿基金,用以补偿生态环境的损害成本,促进生态环境的治理与修复。

第二,海洋油气资源税率不宜过低,海洋油气资源开发大多是国际合作开发,我国的资源税率明显低于国际水平,还有一定的提升空间。因为海洋油气资源属于不可再生资源,稀缺资源和不可再生资源的可持续发展价值较高,应通过设定较高的资源税率体现其可持续发展价值。从定量的角度来说,可持续发展价值是一个根据补偿所需要的时间、物资、资金和技术等要素的虚拟量来预测成本。

4)健全海洋油气资源开发生态补偿的纵向转移支付制度。

第一,明确直接用于生态补偿的财政转移支付比例,及时拨付,增强中央对地方财政转移支付的稳定性和时效性,加大中央对地方的转移支付力度,提升海洋油气资源开发生态补偿的公共支出效率。

第二,简化烦琐的拨付流程,减少冗余的层级。以此降低资金拨付过程中的管理成本,提高实际到位资金的额度,有效聚合"中央—省—市—县"四级政府对生态补偿财政资金的总投入。

第三,加大纵向转移支付在海洋生态补偿方面的投入,提高生态环境保护专项资金的总额度,明确重点补偿对象及项目。

5)抓紧完善海洋油气资源开发生态补偿的横向转移支付制度。海洋油气开发的合作性、海洋污染的流动性和海洋油气资源开发生态补偿的跨域性特点,需要横向转移支付对生态补偿的支撑。

第一,完善海洋油气资源开发生态补偿的价值评估技术,量化区域间生态补偿的成本负担和补偿标准。在调查海洋生态价值损失的基础上,运用经济模型及可行的评估方法来计算海洋油气资源开发的生态补偿价值。补偿标准的确定需要多部门、多区域的协调合作,形成合理的补偿标准区间,补偿标准的下限不低于实际海洋生态补偿中需要的资金,上限不至于对海洋油气资源开发企业造成过高的成本负担。

第二,应充分考虑海洋污染的特征和保护海洋生态完整性的需求,本着责任共担的原则,对跨界、跨区污染导致的海洋生态补偿权限及责任进行明确划分,建立区域间的协商谈判机制。

第三,健全横向转移支付的法律规范及配套的实施细则、司法解释,总结和借鉴横向转移支付的有益经验,将"意见稿"上升为法律层级较高的法律规范。

第四,区域间生态转移支付资金可由海洋油气资源开发的获益地政府向利益相关的同级政府支付,支付比例应充分考虑生态效益外溢的程度及其他因素,形成专项的横向生态补偿转移支付基金。

6)完善海洋油气资源开发生态补偿的财税补贴制度和激励策略。

第一,制定完善的财税补贴制度,实行差异化的税收减免和返还的优惠政策。差异化的税收减免内容包括:①对海洋油气资源补偿费征缴和减免时,要根据海洋油气开采的难易程度差别化征收。开采难易因钻井的海水深度和海洋油气田勘探开发的阶段而不同。②对于回采率高、综合利用率高和开采难度大的海洋油区,采取低税甚至税收减免的优惠政策,有利于调动海洋油气开发企业开采海上边际油田和高难度油田的积极性,挖掘我国海洋油气资源绿色开发的潜力。

第二,多方位发挥财政补贴的激励作用,对生态环境保护做出贡献的地区、相关部门和海洋油气资源开发企业进行激励。对海洋油气资源开发过程中高污染、高能耗的项目或企业实施重税,将多征收的资金用于向海洋油气资源开发的生态保护者和贡献者发放财政补贴,给予一定的生态补偿奖励;对生产海油生态环保产品,发展海油生态产业链,注重节能减排和循环利用的海洋油气开发企业,给予税收减免、价格补贴、财政贴息等政策支持;对海洋油气产业的节能减排降耗指标进行评估,对生态保护效果显著的地区和部门给予奖励。通过激励机制提高多元主体参与生态补偿和环境保护的积极性和主动性。

(2)改善补偿资金的征收与管理制度。

1)以差别化征收的方式促进海洋油气补偿税费的科学征收。通过差异化征收、减免措施的激励,为海洋油气资源开发企业的生态补偿提供动力。建议将海洋油气的高风险、高投入、高科技生产特点和前、中、后不同的生产阶段也纳入差别化征收的范畴。增加差别化征收的政策规定,明确适用情形和具体的征缴、减免措施。

2)细化补偿资金的管理制度。资金管理制度力求全面细致,具有前瞻性和可执行性。对生态补偿的财政资金进行"预算—分配—使用"的全过程分类监管。在生态关系密切的同级政府间建立生态转移支付基金。对生态补偿基金的使用加强考核与监督,主管机构的监管和第三方专业审计机构的监管相结合,保证资金的专款专用。

(3)提升补偿资金的运用效率和效果。

1)补偿资金做到专款专用,重点倾斜。一方面,专款专用,将专门的海洋油气资源开发的生态补偿资金集中投入到日常排污、海洋溢油事故处理和海洋生态修复工程项目中。另一方面,重点倾斜,加大对海洋生态系统建设和保护者的补偿力度,激励正面行为;增加对海洋油气资源开发的源头保护和事前预防环节的生态补偿投入,源头预防甚于末端治理。

2)提高补偿资金的时效性和运用效率。针对溢油事故的突发性、快速蔓延性和高危害性,简化补偿资金的拨付流程,设置快速的绿色通道,建立海洋溢油事故应急处理和后期修复的专项补偿基金。针对具体的使用项目向相关部门提交使用报告,确保每一笔资金的使用规范,提高转移支付资金的使用效率。

3)统一归口管理,集约利用生态补偿资金。对于海洋油气资源开发的生态补偿资金投入,可以统一归口到专门的生态补偿职能管理机构,由其统筹规划,集约使用。缓解多头管理和重复补偿造成的有限资金的低劣配置

第三章　海洋油气资源开发利用的生态机制与共同发展

和浪费。

4）健全生态补偿资金运用的跟踪评价机制，加强全程监管。完善生态补偿资金的申报审批使用反馈的全程监管机制。根据反馈结果，及时、动态地调整补偿计划。除了加强政府审计系统对补偿资金使用的监管外，还应当依托多种媒体渠道和网络信息平台，对海洋油气资源开发生态补偿资金的预算、征收、管理、使用情况进行定期公示，充分给予公众知情权、监督权和质询权，调动公众监督资金运用的积极性。

4. 多元监管路径

海洋油气开发生态补偿监管的完善仅仅通过政府自身改革或单个主体监管效力的增强是行不通的，盲目无效的"共治"并不一定产生"共赢"的结果。实现生态补偿的有效监管的根本生成逻辑在于以多元参与为通道、以沟通交流为依托、通过相关制度的完善，推动海洋油气资源开发生态补偿监管的多元秩序性、参与性、协调性和稳固性。

（1）促进主体参与，释放多元主体的监管力量。多元监管体系的构建基础在于多元主体力量的发挥，理顺各参与主体的义务和职责是多元监管的前提。多元监管体系的构建明确了政府、企业、公众共治的环境治理体系目标，在多元监管体系下，政府仍然是监管工作的主导者，海洋油气资源开发企业和公众发挥着越来越重要的作用。

1）加强海洋油气资源开发生态补偿监管的权责划分和落实。

第一，明确划分权限。

加快海洋溢油污染生态补偿和环境监管相关法律制度的修改。作为原有海洋环境监管主要部门的国家海洋局不再保留，海洋溢油污染环境监管机构发生了较大变动，应针对机构改革在相关法律中明确自然资源部、生态环境部、交通运输部等涉海环境监管部门的地位和权责，实现依法监管。

推动中央和地方海洋环境监管及相关机构改革的落实。一方面，急需明确海洋局原有的海上执法力量归属、渔业行政执法与自然资源部合并与否、有关部门推进实施的垂直改革等事项是否继续等具体问题；另一方面，各地方政府应当根据本地实际，加快"三定"规定的报批和落实，杜绝改革的"空窗期"。

第二，有效协调监管机构间的相互关系。充分发挥新建部门的综合协调作用，针对海洋溢油污染的生态补偿监管做好顶层设计，妥善处理好海洋环境治理与监督、海洋溢油污染的专业监管和综合监管的关系；在中央和地方政府的职权划分上，强化沿海地方政府的海洋环境保护责任和监管权限。

对于地方政府负责的部分,中央政府应以监督为主要任务,给予地方管理的权限和一定的资金、设备支持,提高地方海洋环境监管的积极性;利用好中央环保督察这一制度和环保约谈的行政手段,结合省以下环保机构监测监察执法垂直管理制度的改革,建立健全基层海洋环境监管体制,推动地方政府及其有关部门落实海洋生态保护的责任。

第三,应加强海洋油气资源开发的源头监管。严把海洋油气资源开发企业的市场准入关。从加强海洋油气资源开发的行政许可制度、环境影响评价和"三同时"制度、海洋油气资源开发的资质审批和备案管理制度三大方面,严格把守好市场准入关,将环保指标不达标、不符合资质的企业及时排除,将污染发生的可能性预先控制好。对于可能产生的生态损害进行补偿价值的预先估计和费用提取,通过防护费用法和影子工程法对生态损害的风险进行补偿费用的预先计提。此阶段海洋油气资源开发的生态补偿价值评估,需加强对海洋资源开发造成的生态损害风险进行预先防范和源头监管。

第四,降低监管成本。政府、海洋油气开发企业和社会公众建立起"利益共享、风险共担、全程合作"的利益共同体关系,从而减少由于各自的利益最大化和博弈冲突对监管合力的折损,大大降低监管成本。加强全流程的合规监管,降低检查成本。为防止海油开发企业的机会主义行为,政府部门必须降低检查成本、制订合理的费用标准、加大惩罚力度,从而对海洋油气资源开发者的生态补偿行为进行有效监管。建立生态补偿资金监督委员会,通过专业化的监管流程来降低监管成本,保障海洋油气开发生态补偿资金的有效运作。监管流程应该包括生态补偿项目公开申请与公平评审—生态补偿费征收—生态补偿费的使用—生态补偿项目的信息公开—生态补偿资金运作的效益评估。通过吸纳专业机构和社会公众的监管,在保证公开、公平、公正的基础上,促使海洋油气资源开发企业生态补偿费的及时与足额缴纳,并监督这笔资金的专款专用,通过实时的评估与反馈,及时发现并反思利益主体的博弈动机、行为和效果,适时提出对策,完善生态补偿机制,防止时间滞后和反馈滞后带来的高额监管成本。

2)加强企业的自我监管。加强海洋油气资源开发企业的自我监管行为,分为日常监管和危机监管。

第一,加强日常环境监管能力的建设,着力提升软硬件的实力。由于海洋油气开发风险性极强的特点,所以在日常的海洋油气开发工作中,政府及其相关部门的日常监督与管理就显得极为重要。

企业应建立日常安全监管制度,实时监测海洋油气开发及环境保护的进展情况。采取谨慎的态度开展活动,及时排查异常情况,防范海洋溢油事故的发生。通过定期检查与随时抽查相结合,实时监控海油企业的开发状况;需要进一步在海洋油气开发企业内部贯彻落实"HSE"健康、安全和环境三位一体的环境监督管理体系。落实安全环保责任制,将责任目标分解、压力分解,将不同责任主体的职责履行与业绩考核紧密挂钩。成立企业HSE管理委员会,建设 HSE 管理体系的综合管理部门,配备专职人员从事体系规范运行的协调和日常维护完善工作。采用"作业危害分析法""工艺危害分析法"等实用的方法,健全从项目"论证—设计—施工—生产—报废"全过程的动态、持续的风险识别控制机制,通过全员参与,构建"事故预防、清洁生产"的防火墙。

第二,加强危机监管,重点建设先进的环境监测预警和应急处理体系。针对突发性海洋溢油事故污染性强、规模大、蔓延快等特点,尤其需要利用国际领先技术建设先进的环境风险识别和监测预警体系,增强对突发性危机事故的应急准备、响应和处理能力。

健全预测预警体系。预测预警体系能够对污染事件进行有效的风险规避和减轻事故的危害程度,是突发性油气污染应急管理中的重要防线。建立警情—警源—警兆的预警体系和突发性海洋污染事故的应急处理专家组,事发后可以迅速抵达事故现场并进行快速、全面、详细的检查。

进一步提高应急值守信息报告水平。利用 GPS、计算机辅助决策系统、GIS 等现代化的技术加强信息的及时性和准确性,在短时间内完成高准确率的信息和数据分析,将其及时上报给决策部门并向社会公众公布有效信息,建立全天候、功能全的应急指挥平台,保证信息渠道的畅通。建立动态的数据库系统,注意及时地对各级上报的信息进行更新核实并汇总分析。

第三,制定具有针对性的应急预案,针对突发性海洋溢油事故准备多种具体的应急预案。为了应对海洋环境污染的突发事件,我国制定了一些相关的应急管理预案,但这些预案往往在实际应用中存在一系列问题使得预案不能有效实施。这种情况应该是预案脱离实际情况所致,预案的制定对技术水平、设备性能、人员素质以及事故发生地的复杂因素缺乏充分考量和演练,使得预案操作性较差。

此外,预案的范围没有精确的分类,某些实际的污染事件可能难以适用。比如,我国没有专门应对海陆毗连区域发生石油泄漏的预案,适用别的预案会有些偏差。因此,要制定应急预案,明确海洋油气开发企业面对溢油事故时,如何高效调动资源和力量,缩短反应时间,及时控制事态清除污染,减少污染损害,相关主管和应急管理部门也应该根据实际情况制定针对性强的预案,使应急预案发挥出其最大的功效。

3)扩大社会公众的监管

第一,充分发挥大数据在信息公开中的作用,将信息公开制度的完善作为公众参与的前提。在政府的决策阶段,要广泛收集民意,对有重大影响的环境政策或计划要及时公开。环境保护部门的执法依据和办事程序要向公众公开,污染物排放量和污染物防治措施要向公众公布,让公众参与到对海洋油气资源开发的生态补偿监管中。提高环境监管能力的信息化程度,加强物联网技术在污染源监控、环境质量监测、环境监察执法、危险化学品和危险废物运输、应急指挥等方面的应用。

第二,营造公众参与的良好环境。充分利用有影响力的大众媒体、有关部门的系统报刊、网络、新媒体平台,通过宣传、培训教育等方式,具体到街道、社区、学校、单位普及海洋生态保护和海洋生态补偿的相关信息,引导更多的社会团体和广大民众支持海洋生态环保事业,成为海洋生态补偿工作的关注者和强有力的监督群体。政府和企业通过信息公开等方式创造公众参与的条件。进一步完善规范环境信访工作制度,加大对重要环境信访案件的调查力度,要求把信访反映的问题作为环境检查和执法的重点,努力维护群众的合法权益。

对于公众的反映和举报,主管部门应认真核查,进行调查取证,并及时反馈,尊重公众的环境权。汇集公众力量,加快建立更多的专项环保公众组织,成为促进公众有序参与的重要力量,以监督政府和企业行为,维护受损主体的利益,开展海洋污染治理的志愿活动,缓解监管人员不足的压力。健全由行政管理、海洋监测、行政执法及保护区管理共同构成的综合性海洋生态监控机制。定期开展近海生态健康和生物多样性状况的定期调查评价,构建生态保护网络监督和举报机制,搭建专业执法和公众参与、点面结合的海洋生态保护监督平台。

第三,完善公众参与环境保护的相关法律规范,促进安全保障和奖励机制更加明确化和稳定化。通过法律渠道,切实维护公众的环境建议权、环境知情权、环境监督权和环境索赔权等海洋生态环境权益。强调环保部门可以对社会环保组织依法提起环境公益诉讼的行为予以支持,通过项目资助、购买服务等方式,支持、引导社会组织参与环境保护活动,凝聚社会公众力量,最大限度地形成监管合力。

（2）打破沟通壁障,增强多元主体的互动协调。多元监管的本质是一个超越彼此权力和利益边界,多元主体相互包容、认同、赋权与合作的过程。实现有效的多元监管不仅要求释放每个主体的参与力量,更需要打破主体之间的沟通壁障。通过创造共同交流沟通的环境将所有力量整合起来,增强多元主体的互动协调,促进政府、企业、公众的合作融合。

1）建立多元监管的网络化组织结构。

第一,树立海洋油气开发生态补偿监管中政府、海洋油气资源开发企业和公众平等参与的思想,打破公私部门监管的界限,使多元主体之间形成平等协商、积极合作、互利共赢的伙伴关系。

第二,赋予不同主体对话、协商、谈判等权利。在多元监管的网络结构中,重点在于多元主体形成共同的逻辑结构,这是一种彼此平等、相互依赖的结构,不存在命令等级和科层链条的部分,也没有科层制的形式。

2）以互联网技术应用为依托,搭建多元主体交流的网络平台。中央和地方政府通过加强政府环境监管门户网站建设,搭建自然资源状况、资源开发活动和网民互动交流三大平台。

第一,建立海洋资源和生态环境状况的数据库,形成统一的基础信息共享平台,为资源开发生态补偿和环境监管提供信息载体。

第二,公布资源开发企业和开发项目的基本信息,使社会公众了解资源开发和生态补偿的范围、计划和相关保障,以便及时提出问题,理性地进行监管。

第三,在网站醒目的地方设置网民互动交流区域,保持咨询电话的畅通,及时解答公众疑问,回复公众建议。

3）,加强信息数据的公开共享,营造平等的参与环境。

第一,政府加强信息公开建设,以法律的形式明确公开事项,推行电子政务及政务公开,将权力放在公共监督的视线之下。作为公共财产的政府数据,本质上属于人民,应该在保障国家安全、个人隐私和企业商业秘密的前提下,让这些数据回到人民群众中。

第二,强化企业信息披露,鼓励资源开发企业自愿公开部分生态补偿和环境监管事项,政府和公众通过监督和强制性手段要求企业公开法律规定的其他事项。

第三,在部门信息共享的基础上逐步实现不同区域的信息联动,提升监管数据应用、信息共享的综合能力,加强各主体之间的联系。监管数据共享为公众参与监督提供了依据,是改变公众参与的弱势地位、实现多元主体互动的必经之路。

(3)综合运用多种监管手段,提高监管技术和人员素质。

1)综合利用各项手段,在传统行政手段的基础上充分发挥经济手段的惩戒、激励和保障作用。

第一,提高从事海洋油气开发活动的财务保证额度。海洋溢油事故对海洋产业、生态环境造成的经济损失往往数额巨大且存在后期增长的态势。因此,在市场准入环节及经营活动过程中,要加强对企业经济状况的审查,包括企业财务状况、保证书和信用证等,按照经济发展水平提高企业财务保证额度。

第二,确定合理的经济处罚额度与方式。对于严重的海洋溢油事故同时进行经济处罚与行政处罚,转变赔偿和处罚金额的确定方式,将原来的罚款上下限的具体规定调整为按日计罚且不设罚款上限,以增加处罚强度。改变守法成本高于违法成本的现状,提高经济手段威慑力。

第三,通过政策优惠和环保技术设备补贴等措施鼓励海洋油气开发企业主动的环保行为,发挥经济激励作用。

第四,完善我国海洋石油责任险和基金建设。强制规定只有取得有效保险的海洋油气开发者或运输者才能从事海洋石油活动,建立海洋溢油事故的赔偿基金,一旦事故发生,能够及时启动资金做应急处理。

2)促进海洋环境监管技术手段的创新

第一,实现全面动态的环境监测。结合卫星遥感、航空遥感和地面监视监测等技术手段,实现对我国近岸海域及深海海域开发活动的全覆盖、高精度的实时监控。此外,还要提供海洋环境的原始资料,以掌握环境状况和溢油事故动态,及时采取有效措施,避免事态恶化和扩大。

第二,提高数据处理技术,做好数据共享和服务,建立全国统一的环境监测标准和规范,解决信息建设多头化问题。通过统一的数据获取、处理、共享和检验的标准,提高海域管理的数字化、可视化及网络化的信息表达方式,为涉海公众提供更为直观简单的数据、图像和技术信息。全面服务社会,促进信息孤岛、数据烟囱、数据造假等问题的解决。

3)逐步建立高素质的环境监管队伍

第一,环境监管人才建设应从教育抓起,在大学以及科研院所设立环境监测、海油环境工程的相关专业和研究项目,加强科研机构与企业的联合攻关和联合培养,通过产学研的合作,提升环境监管的技术水平和增强企业的环境保护动力。

第二,加强技术培训与交流,尤其是对基层环保机构的人员培训。监管部门要通过人才选拔、培训、引进等方式,提高专业化水平,建立具有较高的技术能力和综合素养的监管队伍。扩大业务培训范围,开展技术援助,鼓励开展技术交流、专业技术比赛和演练等活动。

第三,逐步实施资质管理,启动环境监测、监察、信息、宣教、应急等人才工程和梯队建设。增加资金投入,改善和提高人员队伍的工作条件及待遇,尤其是区县的基层人员。引进高层次专业技术人才和先进的软硬件设备,建设国际一流的海洋环境监测中心实验室和专业海洋环境监测机构。

总之,要发挥多元主体的监管合力作用,健全"政府监管、企业自检、社会监督"的多方位海洋油气资源开发的生态补偿监管体系。构建多元主体的监管模式,实现海洋经济发展与生态环境治理的良性循环,使其成为全体社会成员的共同事业。政府应立足于"有限型政府"的基本理念,归还本来属于社会领域的职能,成为真正意义上的"掌舵者",而非"划桨者"。企业和公众作为必不可少的主体,应增强其参与监管的主动性。

第三节　海洋油气资源开发利用的共同发展路径

共同开发是指两个或多个海岸相邻或相向的国家,在争议海域的最终划界协议达成之前通过政府间协议的方式,本着谅解与互利的精神,为了双方发展的共同需要,在相互间协定的基础上,对跨界或权利主张重叠海域的矿藏资源进行共同勘探和开发。

一、南海油气资源共同开发的重要意义

经济的发展促使人类加快对海洋资源的开发步伐。随着勘探、开采技术的不断进步,海洋中蕴藏的丰富资源尤其是海底石油、天然气及其他矿产资源逐步为人类所知,并有能力进行开发。海洋共同开发问题将成为未来我国对外关系的重要内容之一。南海共同开发对各方都有着非常重要的战略意义,所以南海共同开发的进程显得尤为重要且十分紧迫。

(1)国家对油气等矿产资源有迫切需求,可能促使国家先从开发上寻找

受益的办法;南海中无论是渔业,还是海底的矿业,都是未来开发的重点。因此,如何管辖及永续利用海洋资源,获得最大的社会和经济利益,成为当前南海争端各方急需思考的课题。我国本着共同开发的目标,照顾南海周边各国的共同经济利益,实施共同开发制度,确保南海资源得到稳定、高效、有序的开发利用。

(2)在各国权利主张重叠的海域,任何一个国家单方面开发海洋资源几乎是不可能的。因此,要增进国家之间的理解,形成共同开发共识,为解决南海问题创造更好的条件。这也是符合南海争端各方最切实利益的选择。南海共同开发有利于减少成本,提高效率,并为参与方的资金、技术及人力的流动和转让提供了可能性,有助于加深参与方的全面合作,最后实现互利共赢局面。

(3)从我国角度而言,南海丰富的资源既有重要的战略和经济利益,与周边各国的共同开发也有利于营造和平稳定的南海环境,为我国经济社会的可持续发展服务。争端各方在共同开发的过程中可以加强相互了解和信任,积极探索思路和创新方法,用发展的眼光为达成最终解决方案创造条件。从历史上看,世界大国大都注重周边地区的战略依托作用。

"搁置争议、共同开发"方针的提出,其实质是对南海周边各国做出让步,这样可以赢得一个和平发展的周边安全环境,促进各国经济的快速发展。这是我国南海政策成熟的表现,同时还可以排除区域外国家的干涉,更有利于南海问题的各方解决搁置划界争端,为最终实现谈判解决有关争议创造良好的政治条件。南海共同开发实质上是我国在南海问题上对世界做出的不首先使用武力的庄严承诺,丰富了处理复杂国际性事务的手段与方法,并充分考虑南海周边各国的资源要求和利益分配,能够为南海周边各国理解和接受。

二、南海油气资源共同开发的原则与路径

(一)南海油气资源共同开发的原则

南海油气资源共同开发的原则,如图 3-5 所示。

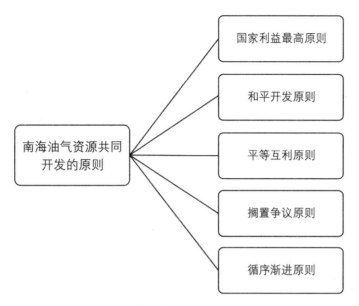

图3-5 南海油气资源共同开发的原则

1.国家利益最高原则

国家利益应当包括三个重要的方面,即领土完整、国家主权和文化完整。国家在对外交往的过程中,维护国家利益的核心就是维护国家的主权独立、领土完整和民族尊严。国家利益至上原则在南海争议区域的共同开发中主要体现为"主权归我"原则,不能为了共同开发而放弃国家主权和领土完整。

"搁置争议,共同开发"的前提条件是主权属于我国,重视安全与主权,积极展开对外交往,最终要服务于国内经济建设这个大局。为了争取和平的发展环境、促进经济建设的大局,我国作为负责人的大国在南海共同开发中可以在利益分成等方面适度妥协和灵活让步,但是坚决不能有损国家主权和国家领土完整。共同开发南海争议海域能为维持和平、稳定的国际环境做出贡献,从而能为我国和平建设赢得更多的时间。

国家间的利益关系是平等的,应该在互相尊重、互谅互让的基础上不断培育国家间的共同利益。在南海共同开发的过程中,我们要对南海周边各国严重损害我国国家利益的行为说"不",坚决维护我国在南海的国家利益。

2.和平开发原则

南海共同开发的和平开发原则是指在共同开发的过程中出现的任何国

际争端,只有通过和平的方法加以解决,才能促进南海共同的和平与发展,促进各国经济的健康发展。和平解决国际争端是共同开发活动顺利进行的一项基本原则,和平开发原则也是南海进行共同开发的基本要求。

总之,我国维护地区和平与有关国家共同开发有领土争议海域油气资源的基本方针没有变,相关国家也均应在共同开发的过程中,采取不激化矛盾和争议的做法,在油气资源开发方面相互照顾彼此的现实利益,并探讨一切可能的和平开发合作方式。

3. 平等互利原则

平等互利是国际经济关系和国际合作的基本原则。平等是指相关主体之间法律地位上的平等、权利和义务的平等;互利是指各主体在相互交往中不能为满足自己的利益需求而损害他方利益,要兼顾各方的利益,力求达到共赢。平等和互利不可分割,只有实现了互利,才是真正意义上的平等。

在共同开发争议区域油气资源的活动中,各合作国不论大小、强弱和政治经济制度如何,都是平等的主权国家,其对争议区域主张的主权权利也是平等的,当事国之间应当相互尊重对方的主权地位和主权权利,不能为争取本国的资源利益而损害他国的主权权利,甚至在签订共同开发协定中,应注重实质上的平等,以维护相对弱者的利益。共同开发协定、国际石油合同及共同经营协议都规定权利义务相互对等,片面义务的条款、损害一方权利的合同和协议应属无效。只有依据平等互利原则进行的共同开发,才是对各方均有利的新型国际经济关系,才能有力地维护各方的利益,促进各方经济的发展。

我国与南海周边邻国共同开发争议区域油气资源时,要坚持平等互利原则。在南海共同开发的过程中,各个参与国家的协商标准包括:其一,要保证共同开发是双方或多方自愿一致的选择;其二,在共同开发协定中,要注重实质上的平等,而不仅仅是形式上的平等。

4. 搁置争议原则

南海共同开发的搁置争议原则是指由于合作开发主权重叠地区资源问题涉及十分敏感的国家主权问题,因此,协议双方明确搁置主权争议为协议的政治指导原则。国家外交政策的主要任务是为经济建设的大局提供一个和平的国际环境,南海问题也应服从于这个大局。所以要想进行共同开发,就必须先将争议搁置一边,否则南海共同开发根本无从谈起。

共同开发活动必须通过暂时的搁置划界争议,暂时的搁置争议是指从其他的一些比较容易着手的问题出发一起进行共同开发。南海海域存在重叠主张的争议区域,我国尊重客观现实,在不具备彻底解决争议的条件下,先把争议暂时搁置起来,共同开发该区域内的油气资源。当然,搁置是为了能够兼顾主权和稳定两个大局。涉及主权的问题解决起来比较复杂,且南海问题已经逐步国际化,各方利益交织在一起更是加大了解决问题的难度。在主权及领土争议存在原则性分歧的情况下,为保持地区稳定与和平,维护国家安全和更大的国家利益、国际利益,共同开发制度可以成为一个灵活而务实的安排。共同开发是一种不涉及主权或主权权益争议的功能性安排,可以从经济角度来考虑进行开发合作。

5. 循序渐进原则

南海共同开发的循序渐进原则是指在共同开发的过程中开发的区域可以按照点、线、面的顺序安排,由小到大,由易到难,由简到繁,逐步实现广泛的南海油气资源的共同开发。目前,我国通过对南海油气资源的分布情况、南海海底的地质构造、南海海域的自然条件等方面进行科学考察合作,已经掌握了南海油气资源的分布等基础性材料,这也为开发区域的划定等后续开发活动提供了基础。所以,低敏感领域的合作也成为促成南海资源共同开发的"薄弱环节"和突破口。

循序渐进原则贯穿整个谈判协议的过程中,也贯穿于共同开发实施的整个过程。在共同开发的初始阶段,我国可先和个别国家选择比较容易达成共同开发的区域进行谈判,寻找突破、达成协议,以进行双边共同开发的尝试,从而达到示范效应的目的。

加强国家间的协商和谈判,涉及双边的谈判相对来说双方可以达成的共识更多,并且也更容易取得突破。因此,要推行南海共同开发,我国首先要坚持双边原则,与相关国家达成双边的共同开发协议,使双边共同开发区成为成功的典型,在条件成熟时再扩大到多国的争议区域,实施多边性的共同开发。循序渐进原则会让各个参与国切实地体会到南海共同开发为各国所带来的实实在在的利益,使其逐渐达成共识并改变采取的正面和消极的政策,从而为实现南海共同开发铺平道路。

(二)南海油气资源共同开发的路径

1. 共同开发协议的制定

共同开发协议是共同开发过程中,协议双方关于油气资源勘探开发、生产经营这一核心问题的法律基础。因此,我国将来与南海周边邻国共同开发争议区域油气资源时,应当对南海共同开发协议文本给予充分的重视,尽可能地制定详尽全面又安全的共同开发协议。

共同开发协议是共同开发活动展开的基本法律依据。协议的基本内容和条款对共同开发的目的和宗旨、共同开发区域的划分、利益分配方式、管理模式选择、争端解决机制、环境保护等要素做出了详细规定。南海争议区域共同开发协议的目的就是为了使两国或多国间的共同开发活动有基本的规范和法律依据,实现对南海争议区域内油气资源的共同开发,来获取各自在争议区域的利益共赢。南海共同开发协议制定过程中要注意的内容包括:

(1)南海争议区域共同开发的各方应在共同开发协议中明确划定共同开发区域的界线和范围,以确定共同开发活动的空间范围。

(2)南海争议区域共同开发协议中应明确约定勘探、开发、生产的期限。具体期限根据南海共同开发区石油气资源的分布情况、开发条件、资金技术及相关国家的意向来确定。

(3)共同开发的管理模式的选择充分体现在共同开发协议的管理条款中。首先明确在共同开发中拟采用的管理模式和区域选择,共同开发协议中的管理条款则依据共同开发的管理模式对联合开发机构的具体职能范围进行规定。

(4)注意共同开发协议中的财税条款,这是涉及协议各方关键利益的核心部分。各方就相关税费的确定和征缴问题进行谈判和协商,将财税条款有关的内容都在共同开发协议中做出详细描述。

(5)南海争议区域共同开发协议中还应当就海洋环境保护和污染防治的相关内容加以明确。

(6)为了有效解决今后在开发过程中出现的争端问题,全面的共同开发协议还应当就共同开发争端的解决提出办法,关于争端解决的方式和程序以及法律和机制等问题达成一致。在南海共同开发协议中首先要明确双方和平协商解决争端的义务,并规定经过一定程序双方仍未解决争端时的争端解决办法。此外,风险防范条款也是共同开发协议的重要内容。在订立南海争议区域共同开发协议时应尽可能制定适合各类经济条件的灵活条款,尽量避免过多的重新协商与谈判。

我国将来与南海周边国家进行共同开发时,应当重视争议区域油气资源共同开发的特殊性,所以在制定南海共同开发协议时要规范的细节更多。

共同开发协议的成功制定标志着共同开发的实践已经迈开步伐。

2. 共同开发区划定策略

争议区域是双方各自对海域界线主张的重叠区域。重叠区域并不能由一方单方面决定,双方必须以过去双方一贯主张并声明的范围为准,争议区的相互认可是实现共同开发的前提,有争议才有共同开发。从位置上划分国际共同开发分为跨界和争议区域两种,跨界遵循对等划出原则,而就争议区域而言,可分为海域整体和部分争议。因此,我国需要掌握主动权,加快非争议区的勘探开发进程,激发南海各方共同开发的强烈意愿,推动争议海域的共同开发,强力制止在争议区域违反国际法的行为。

根据共同开发的特点并参照国际实践,确定南海争议海域共同开发区的具体范围应考虑的因素包括:

(1)确定争议海域的范围。在现实开发中,南海各方都在尽力扩大本国争议海域的范围,想实现本国利益最大化。因此,在确定南海争议海域共同开发区范围时,各国之间要进行多次会晤和磋商才能够进一步达成共识。

(2)明确资源分布情况。获取资源是南海各方进行资源共同开发的直接目标。因此资源最为集中、开发的难度较小的区域是南海共同开发区的最佳选择,这样才能充分调动争端国家的开发积极性,实现利益最大化的目标。

(3)明确南海争议区域实际控制和开发情况。海岸相邻、相向国家之间的海洋管辖权争议涉及的是实实在在的国家利益,一方当事国在争议海域进行的实质性的资源开发活动对共同开发区的选择造成了重要影响,严重阻碍共同开发的进程。除非他国有实力对这种开发活动进行实质性的阻止,否则很难介入已经被实际控制和开发的区域。

3. 利益分配的具体路径

根据国际共同开发的案例总结,共同开发区的收益分配主要有以下两种方式:

(1)平等分享收益分配模式。平等分享收益分配模式是指开发主体以条约的形式在协定中预先规定双方拥有平等的权利共同分享开发活动所得收益。基于平等原则使各国更加愿意接受合作,而且国家间为了共同利益会更加倾向于资源的合理和持续利用。平等分配模式成为最简单、最广泛、最易行的收益分配模式,因此这种分配模式在自然资源的共同开发中得到广泛应用。

（2）以大陆架边界线确定双方在共同开发区的收益分配模式。以大陆架边界线确定双方在共同开发区的收益分配模式是指边界线两侧资源所占面积与整个资源总面积的比例即为收益分配比例，这种分配模式在跨界区域争端处理中比较常见，一般情况下资源分配在邻国边界两端。

在南海共同开发活动中无论选取哪种利益分配方式，我们都应该注意公平、公正、共赢才是合作的主要原则。南海共同开发协议可能由两个或两个以上国家间订立，只有本着公平、公正、共赢的原则才能够让合作长久地进行下去。在确定利益分配方案时不能仅考虑共同利益，还应根据具体情况适当考虑个体利益。所以在南海共同开发的利益分配中注重公平与公正。此外，中国本着大国负责任的态度可以适当让利于南海其他各国，但是南海主权问题不容置喙。

4.共同管理的具体路径

争议海域共同开发区的位置和具体范围的确定非常重要，共同开发区建立之后必须加以明确的就是共同开发管理模式的选择问题。管理模式统领共同开发的全局，决定着共同开发区管理机构的权力、合同类型、管辖权及法律适用、争端解决、财政税务事项等各个方面。由于共同开发各当事国在政治、经济制度、文化的差异，因此对海域的共同开发采取不同的模式。

建立混合管理模式，将南海海域划分为不同的层次，在每个层次里选择适用其特殊情况的管理模式。

（1）对于与已经在南海争议海域展开大规模开发的国家合作，优先选择"代理制模式"。由缔约国一方继续开发行为，另一国按照一定的比例获取收益。在转为共同开发的过程中，我们应当尊重现状，不干涉其具体的运行和管理，以灵活的手段获取一定的开发收益。代理制模式是一种最简单易行的管理模式，但国际实践表明这种模式不够完备。所以，其运用在南海争议海域油气资源共同开发的实践中应该加以优化，且用于比较简单的情况之下。

（2）在争议方较少且油气资源较丰富的南海争议区域，优先采用"超国家管理模式"。这种模式需要在一个相对稳定的环境内经过长时间的谈判和运作才能达成，成本较大但运行效率高，比较稳定且容易与石油公司达成投资意向。要形成超国家管理机构且作为一个经营实体直接参与到共同开发活动中，它所适用的法律是两国政府和该机构通过调整和协调两国国内立法而共同制定的一套统一的法律制度。超国家管理模式中的超国家管理机构代表双方全面负责开发争议海域资源，避免了国家之间因权力分配不均而导致分歧，与此同时也提高了工作效率。"超国家"机构的设立，并不意味着国家放弃主权，它只是双方政府将各自在争议海域所拥有的专属权暂时地让渡给超国家管理机构来行使。

（3）在争议方较多且形势较复杂的南海争议海域，优先适用"联合经营模式"。将海域分区并选择不同国家的租让权人进行开发，最大限度减少争议。联合经营模式是指国家通过颁发许可证将特定区域石油勘探开发的权利租让给石油公司，由石油公司对该区域内的油气资源进行勘探开发。南海共同开发的双方政府授权的石油公司均进入共同开发区，石油公司间通过订立联合经营合同对南海共同开发区内的油气资源进行勘探开发。这种开发模式简单、公正、全面且务实，主要优点是可以有效地克服不同国家间行政、司法与立法的差异性。南海争端的复杂情况决定了南海共同开发不能选择单一的管理模式，在开发的实践中可以选择结合多种管理模式，并在现有模式上进行改革和创新，从而创造出更适用于南海共同开发的新管理模式，让南海油气资源的共同开发进入新的阶段，实现南海各方利益的共赢。

第四章　北极油气资源开发利用与技术创新

第一节　北极地区的油气资源潜力与价值

北冰洋的洋底蕴藏着约占全球储量四分之一的石油和天然气资源,被认为是世界上油气资源开发潜力最大的地区,但由于气候条件恶劣、生态环境脆弱、经济发展形态单一和地区偏远等诸多原因,使得北极地区油气资源的开采比较困难。随着全球气候变暖加速,北极海冰日益消融,北极航道即将开通,大规模开发北极地区庞大的油气资源成为可能,北极地区的战略地位日益凸显,世界各国对北极资源特别是油气资源的开发也随之升温。北冰洋沿岸国家凭借地理位置的优势,率先开展勘探开发和资源利用。诸多域外国家开始聚焦北极地区及其资源潜力研究,各国参与北极油气资源的争夺也日趋激烈。我国自 1995 年 12 月加入北极科学委员会以来,在北极科学研究中取得了巨大的进步。

一、北极地区的油气资源潜力

(一)北极地区的自然地理

地理上,北极地区一般是指以北极点为中心,位于北极圈以北的区域,即北纬 66°34′以北的广大区域,总面积为 2100 万平方公里,约占地球总面积的 4%,其中陆地和海域的面积之比为 8∶13.1。作为地球上地理位置最靠北的地区,为亚、欧、北美三大地区所环抱,近于半封闭,主要包括北冰洋水域及其岛屿、北美大陆和欧亚大陆的永久冻土区北部边缘地带,北冰洋仅为全球海洋面积的 4.1%,但占北极地区总面积的 60%,是一片浮冰覆盖的海洋。

(二)北极地区的油气资源分布与潜力

北极地区的待发现油气资源丰富,在不考虑非常规资源(如煤层气、天然气水合物、油页岩和油砂)的情况下,石油和天然气资源量分别占世界总量的 13％和 30％。未完全探明的油气资源有 85％分布在海域,甚至包括永久冰盖和海底以下存在的所有油气资源,在不考虑勘探开发经济因素的条件下,可以利用现有技术条件进行开发。资源量的巨大和开采条件的日益成熟,足以引起世界各国的重视。

从资源分布规律考虑,虽然北极地区油气资源丰富,但其分隔含油气盆地和各大陆之间的分布不均匀,综合考虑各主要沉积盆地的烃源岩条件、储集条件、盖层与圈闭条件、基础地质研究程度、油气勘探程度,并结合油气资源发现和商业性开发程度,划分出最具潜力盆地(地区),主要包括西西伯利亚盆地的北部、阿拉斯加北极斜坡盆地和蒂曼-伯朝拉盆地,这些盆地成藏油气地质条件十分有利且已有大规模的油气发现,并已投入了大规模商业性开发。另外,有一些尚无大规模商业性开发、但各类成藏油气地质条件有利、有较大规模油气发现的盆地,其开发利用潜力也较大,主要包括斯沃德鲁普盆地、东巴伦支海盆地、马更些三角洲盆地等。还有一类盆地尚没有油气发现,但具有良好的烃源岩条件,属于勘探前景较好的盆地,主要有东格陵兰断陷盆地、楚科奇盆地等。

(三)北极地区的含油气盆地

1. 东巴伦支海盆地

东巴伦支海盆地分布于东巴伦支海地区,东以新地岛为界,南到俄罗斯西北部沿岸,盆地总面积约 535000km²。在北部,斯瓦尔巴群岛和法兰士约瑟夫地群岛位于盆地外围。盆地的西部边缘位于挪威和俄罗斯接壤的海区,勘探程度很低。

在地质结构上,该盆地表现为一个台向斜,西侧以中巴伦支海台背斜为界。盆地基底主要是前寒武系,由贝加尔期和加里东期褶皱岩系组成。沉积盖层厚度达 20km,主要包括上、下两套层系:下部为陆源碎屑岩-碳酸盐岩(可能包括下古生界),为晚泥盆世-早二叠世乌拉尔洋西部被动边缘沉积。盆地的主要地质结构特征是具有裂谷构造,其地质结构构造特征与北海盆地具有很多相似之处。通过石油天然气普查勘探发现了一系列相当大的油气田,其中最大的有施托克曼霍夫气田、鲁德罗夫气田和阿克提克(北极)气田。

东巴伦支海盆地的三叠系-上侏罗统发育了腐殖型烃源岩,构成了该盆地丰富的天然气和凝析气资源的基础。

东巴伦支海盆地几乎全部位于北极圈内的海域,位于挪威—俄罗斯大陆与斯瓦尔巴群岛和法兰士约瑟夫地群岛之间。在大约 20 年的勘探过程中,已证实该盆地是一个偏气型盆地,未来的勘探还将有较大的储量增长。

(1)油气地质特征

1)构造。东巴伦支海盆地位于东巴伦支海域,处于俄罗斯北极海域的最西部,盆地水深一般不超过 400m。东巴伦支海盆地是一个以断层/挠曲为界的巨型坳陷。在东部,该盆地与新地岛褶皱带和前新地岛(滨新地岛)构造带(包括海军部隆起)相邻,南部与伯朝拉地块相邻,西部和北部与斯瓦尔巴地块相邻。盆地正北方为格鲁曼特隆起,其中包括法兰士约瑟夫地群岛。东巴伦支海盆地的主要构造单元包括:南巴伦支坳陷、施托克曼诺夫-鲁宁隆起(包括鲁德罗夫鞍部及其他鞍部构造)、北巴伦支坳陷、阿尔巴诺夫-戈尔勃夫隆起(也称北新地岛盆地)和圣安尼坳陷。东巴伦支海盆地沉积盖层的年龄主要为中生代,但是主要沉积中心的几何形态表明,在贝加尔斯构造基地之上还叠加了区域分布的前三叠系。

东巴伦支海盆地沉积盖层厚度最大的地区达 19~20km。前上泥盆统到下二叠统地层的分布深度超过 7km,厚度约为 5km。在坳陷翼部,上二叠统-三叠系剖面厚度为 6km,向坳陷中央增加到 12km。

2)烃源岩。东巴伦支海盆地的烃源岩分布于三叠系和罗系内。

3)储层。东巴伦支海盆地的储层段范围从下三叠统到上侏罗统,大部分储层为卡洛阶和伏尔加阶砂岩。

4)盖层。东巴伦支海盆地内广泛发育了中生代海相和陆相页岩,这些页岩为好-极好的局部性和区域性盖层,盖层单元从三叠系到下白垩统都有分布。

5)构造和圈闭形成。盆地内的构造发育与 3 个不同的构造幕相关:①二叠纪-三叠纪裂谷作用;②三叠纪挤压;③第三纪中期反转。这些构造幕影响了东巴伦支海盆地的油气捕集。沿着南巴伦支坳陷的南翼和东翼发育了大型气田,如摩尔曼斯克气田。

(2)主要油气田

在南巴伦支海盆地内共发现了 5 个(油)气田:摩尔曼斯克、北基尔金、施托克曼诺夫、列多沃耶和鲁德罗夫。前两个气田位于盆地西南缘,而其余油气田位于南巴伦支坳陷西北缘,均位于盆地的边缘带上。产层为三叠系和侏罗系,烃源岩为二叠-三叠系。

1)摩尔曼斯克气田。摩尔曼斯克大型气田分布于盆地西南缘断裂系上发育的局部构造隆起上,该气田具有复杂的多层结构。在下-中三叠统内共划分出了约 20 个含气砂岩层。所有气藏都是岩性遮挡的,其中大部分砂岩层向构造隆起顶部尖灭。天然气的组分主要是甲烷,含少量非烃气。

2)施托克曼诺夫大型天然气-凝析气田。施托克曼诺夫天然气-凝析气田被发现于 1988 年。施托克曼诺夫气田位于巴伦支海中部,水深 280～360m,距科拉半岛东北岸 550km。该气田位于盆地西北缘的边缘阶地。构造岩浆活动导致了面积巨大、平面上呈等轴状的巨型圈闭的形成。

在中-上罗统地层中发现了 4 个含少量凝析油的气藏,圈闭类型属于层状-穹隆型。储层为粉砂质细砂岩,有时夹砂质粉砂岩;晚侏罗世-早白垩世的泥质岩构成了所有侏罗系产层的区域性盖层。

(3)油气分布规律和勘探潜力预测

1)油气分布规律。从大地构造上来看,东巴伦支海盆地在平面上具有与滨里海盆地类似的地壳结构参数,发育了埋藏深度很大的等轴状坳陷,其油气分布也与盆地的边缘带相关;目前已经发现的大型油气田主要分布于南巴伦支坳陷的边缘带。

2)资源分布与勘探潜力预测

第一,油气资源分布。从平面分布来看,东巴伦支海盆地的剩余资源绝大部分分布于南巴伦支坳陷,北巴伦支坳陷的资源潜力也相当高。考尔古耶夫台阶的剩余资源也可以划归蒂曼-伯朝拉盆地。东巴伦支海盆地剩余油气资源大多分布于三叠系-侏罗系的大中型正向构造内。

第二,勘探潜力预测。东巴伦支海盆地的勘探潜力主要与中生界、上古生界两个层系有关。因此,尽管该盆地已经发现了多个大气田,但其仍有很高的勘探潜力。

2. 阿拉斯加北部斜坡盆地

阿拉斯加北部斜坡盆地跨越整个阿拉斯加北部,覆盖面积大约为 $30 \times 10 km^2$。盆地向西延伸到楚科奇海,可达到楚科奇台地。北部斜坡盆地的沉积历史可分为 3 个巨层序,即埃尔斯米尔巨层序(下密西西比-中侏罗),波弗特巨层序(中侏罗-下白垩)和布鲁克巨层序(下白垩-第三纪)。

北部斜坡盆地可识别出 4 个含油气系统,它们是舒布里克/彩色页岩(彩色页岩)-伊维沙克含油气系统,金扎克页岩-阿尔卑砂岩含油气系统,高伽马段-纳努舒克含油气系统和里斯本-巴罗含油气系统。盆地的勘探潜力位于楚科奇海岸和布鲁克山角的被动顶底双层构造发育地区。盆地北部的地层圈闭具有潜力。

北部斜坡盆地由于恶劣的自然条件和远离市场,使得油气工业以寻找大油气藏为目标。尽管油气勘探开始于20世纪早期,但海域勘探程度仍很低,陆上为中等勘探程度。

盆地的勘探主要为构造圈闭,如1994年,阿尔卑油气田被发现,这个发现揭示了地层圈闭可作为该盆地的另一个勘探目标。普鲁德霍湾油田位于北美阿拉斯加北部陆坡,是北美地区最大的常规油田。

在平面上,阿拉斯加北坡盆地的已发现油气田几乎全部都分布于巴罗隆起上,该构造带是盆地内最大的正向构造单元。在垂向上,阿拉斯加北坡含油气区已发现油气主要分布于埃尔斯米尔、波弗特和布鲁克斯3个层序内。在已发现油气储量中,埃尔斯米尔层序是阿拉斯加北坡最重要的含油气层系。

波弗特层序是库帕鲁克河油田和考尔维尔河联合油田的主要储层。该套储层具有极好的储集性能,采收率超过50%。

在已发现油气聚集中的布鲁克斯层序的储层一般为非均质储层,因此,即使是油质较轻的油藏,采收率系数也低于埃尔斯米尔和波弗特层序的储层。

3. 南喀拉-亚马尔盆地

南喀拉-亚马尔盆地位于西西伯利亚巨型盆地的北部,包括陆上的亚马尔半岛和格达半岛,以及鄂毕湾、格达湾和南喀拉海海域。南喀拉-亚马尔盆地东北侧为北喀拉海盆地;南侧是西西伯利亚含油气省的另外两个含油气盆地——纳德姆塔兹盆地和乌拉尔弗拉罗夫盆地。行政上,该地区属于俄罗斯联邦秋明州北部的亚马尔涅涅茨自治区。

南喀拉-亚马尔含油气区是西西伯利亚勘探程度最低的地区,特别是南喀拉海海域基本上未勘探,具有很高的勘探潜力。目前在卢萨诺夫隆起上已经发现了2个大型气田(卢萨诺夫气田和列宁格勒气田),还有大量大型局部隆起构造未进行钻探。

4. 蒂曼-伯朝拉盆地

蒂曼-伯朝拉盆地是东欧古陆块东北部的一个大型三角形盆地。蒂曼-伯朝拉盆地东侧和东南侧以海西乌拉尔褶皱带为界与西西伯利亚盆地相邻,乌拉尔—帕伊霍伊褶皱带向北延伸为新地岛褶皱带。蒂曼-伯朝拉盆地是古老的沉积盆地,经历了从元古代到早中生代的漫长地质演化,形成了多套构造层,但以乌拉尔洋的形成和关闭对该盆地演化的影响最大。盆地演化可大致分为2个阶段:第一个阶段是裂谷-大洋被动边缘、浅海大陆架阶段;第二个阶段为乌拉尔造山和造山后的前陆演化阶段。

(1)含油气系统特性。蒂曼-伯朝拉盆地已确认了4个主要的含油气系统:多马尼克-下二叠统含油气系统、空谷阶-上二叠统含油气系统、下古生界-下古生界含油气系统和中泥盆统-中泥盆统含油气系统,但最重要的还是多马尼克组-下二叠统含油气系统。

(2)油气资源分布和勘探潜力。蒂曼-伯朝拉盆地的待发现油气资源主要分布于盆地主体的古陆块部分(占46.1%),预计其中2/3以上是液态烃;其次是盆地东部的前渊坳陷(27.35%),预计天然气和凝析气占绝大部分,石油仅占不到1/20,这与该构造单元上古生界主要烃源岩的高成熟和过成熟状况相关;盆地北部的考尔古耶夫台阶的剩余资源量与前渊坳陷接近,占全盆地的26.3%,也是以天然气和凝析气为主,石油仅占1/10略高,该构造单元气态烃富集与三叠系偏生气型烃源岩有关。

从相态来看,蒂曼-伯朝拉盆地的剩余资源主要是天然气,剩余资源中天然气和凝析油比例较高的原因是盆地的前渊坳陷的深部勘探程度较低,其上古生界烃源岩埋藏较深,已经达到了高成熟和过成熟,而盆地北部伯朝拉海域部分发育了三叠系偏生气型烃源岩。从海陆分布来看,蒂曼-伯朝拉盆地的待发现油气资源仍有大部分分布于陆上,这主要是盆地主体的古陆块部分北部和乌拉尔-帕伊霍伊前渊地区仍有大量剩余资源;但根据发现的圈闭规模来看,盆地的陆上部分待钻探的远景目标主要是小型圈闭;而盆地的海域部分由于自然条件恶劣,勘探程度较低,仍有可能发现大中型油气田。

5.东格陵兰断陷盆地

东格陵兰断陷盆地位于格陵兰岛东部,是格陵兰地盾周边5个年轻沉积盆地中最大的一个,包括北部的托勒斯顿前陆和南部的杰姆逊地两部分。由于该盆地与被证实具有重大油、气储量的挪威海沉积盆地并置在一起,暗示着巨大的油气资源潜力,近年来,该盆地引起了油气勘察工作者及评价机构的极大兴趣。

东格陵兰断陷盆地,由于地处北大西洋油气集中区周边且发育同时代含油气层位而被认为具有重大的油气资源潜力。在北格陵兰未褶皱的早古生代沉积物已经发现了少量油苗,在东格陵兰的中生代沉积物发现了更多的油苗。

东格陵兰断陷盆地可能是未来非常重要的油区,近年来此油区的勘探重点主要是在具有几轮许可竞标权的西格陵兰中部。在未来几年内,勘探活动有可能更多地在西北(巴芬湾)和东北格陵兰陆架上。这两个地区非常有勘探前景,但是常年被冰层覆盖使其具有很大的技术挑战。为此,我们可以对临近的陆上地区进行数据采集等工作,来增长近海地球物理数据库,推动勘探的进一步发展。

二、北极地区的油气资源价值

北极地区的油气资源价值,如图 4-1 所示。

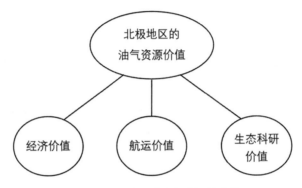

图 4-1　北极地区的油气资源的价值

(一)经济价值

北极地区被称为"地球上最大一块未被开发的堡垒""地球最后的宝库"。随着人类在陆地上活动范围的扩大和活动强度的加深,陆地资源的不断消耗,为了保证资源安全和人类活动的正常运行,各国纷纷将视野转向海洋与北极地区。

由于全球气候变暖,冰洋的冰盖随着温度的上升和气候的变化可能融化,在北极海域可能出现新的渔场,北冰洋的生态环境也将发生巨大变化。北极地区丰富的资源对于环北极国家甚至是世界其他大国无疑有着巨大的吸引力。

(二)航运价值

北冰洋以北极为中心,被亚欧大陆和北美大陆所围绕。"北极拥有丰富生物资源和油气等矿产资源,随着全球气候变暖,地球整体海面水位的上升、可利用的海域不断增大,使得在北极海域建立航线成为可能。"①目前,北极航线的产生与全球变暖、温室效应息息相关。预计到2040年,西北航道大部分水域接近无冰,东北航道的海冰密集度也均在10%以下,完全适合船舶航行。届时,它将成为连接亚洲与欧洲、北美洲的新海上"丝绸之路",开辟国际航运新格局,并对国际贸易产生重大且深远的影响。北冰洋航线的开通不但使东北亚国家较容易获得北极的资源,而且能成为一条便捷的、经济的国际战略通道,拉近亚洲与北美、欧洲之间的距离。

(三)生态科研价值

北极地区具有十分独特的科学研究价值。就气候安全而言,北冰洋对于北半球中高纬度各国气候安全的重要性不言而喻,对我国来说,北冰洋对于我国北方及至全我国气候的影响力,都将随着全球气候变暖而日渐突出。

北极地区还有一个特点,就是有大面积的永久性冻土带,里面储存有大量的地球古环境信息,并保存有大量的固体碳及碳氢化合物,具有调节温室效应,进而影响全球性气候变化的巨大潜力。与被南极环极洋流隔绝而几乎成为生命禁区的南极大陆相比,北极陆地的生命活动更加丰富多彩。对于北极生物多样性、生物总量、生态环境的研究,不但直接关系到当地居民的生存环境,而且由于北极与北半球中、低纬度区生物的亲缘关系,这些研究从人类的生物资源前景、生物基因工程等角度来看应具有更加广泛而深远的意义。

第二节　北极油气资源开发利用的参与意义

我国是世界上的极地考察最强国之一。目前,我国在北极地区的主要活动是对北极气候和环境的科学考察。1951年,武汉测绘学院的高时浏到达地球北磁场进行地质测量工作,成为第一个进入北极地区的中国科技工作者。1991年,中国科学院大气物理所的研究员高登义参加了挪威组织的北极浮冰考察,并在考察过程中在北极地区展示了中国国旗。1995年,北

---

① 王淑玲,姜重昕,金玺.北极的战略意义及油气资源开发[J].中国矿业,2018,27(1):20.

极考察成为极地考察中的焦点,由民间赞助的中国北极考察团(中国科学院和中国科学技术协会组织)到达北极点考察,是首次由中国人组织的北极科考。

1999年,中国政府首次对北极地区展开科学考察。1999年7月1日—9月9日。中国首次北极科学考察队乘"雪龙"船从上海出发,两次跨入北极圈,到达楚科奇海、加拿大海盆和多年海冰区,圆满完成了三大科学目标预定的现场科学考察计划任务。

2002年8月2日,中国科考队在北极建立了陆地大气观测站。2004年,中国在挪威斯匹次卑尔根群岛的新奥尔松确立了首个北极科学考察站——"黄河站"。

2008年夏天,中国在北极进行了最大规模的科考活动。科考船只到达了中国有史以来最北端的85°N附近,在深海采集了海水样本进行分析。除了极地科学考察,中国还与国际组织合作,共同监测北极环境的变化。

2021年9月28日,中国第12次北极科学考察队乘坐雪龙2号极地考察船,顺利返回位于上海的中国极地考察国内基地码头,标志中国第12次北极科学考察圆满完成。

中国的北极科考主要集中在两个方面:①研究北极的快速变化及其生态、环境和气候效应;②研究北极环境的快速变化对中国气候、海洋环境及经济社会的影响。今后,继续加强对于北极地区的科学考察,加强与环北极国家的科研合作,争取对北极资源特别是油气资源的联合勘探开发,引导国家资源管理部门进入北极地区科考、测绘北极地区的地质构造、打造北极地区资源地图,开展油气资源潜力研究工作。

随着中国经济的崛起,中国履行国际责任一直积极而为,加强与国际社会的交流与沟通,努力建立起机制化的和平、合作、互信的国际关系,参与推动国际和地区热点问题的解决,致力于建立公正平等的国际新秩序。

随着我国作为极地考察大国的地位确立,中国推动国际利益的北冰洋新秩序的建立,可以缓解由于主权争夺造成的紧绷的国际关系,协调各方的利益。中国的新安全观和地缘政治观,对于可能出现的北极地区的地缘政治冲突可以起到缓冲的作用,引导北极地区新秩序向"互信、互利、平等、协作"新安全观的方向发展。

第三节　北极油气资源的参与路径与技术创新

一、中国参与北极油气资源开发利用的意义与合作领域

(一)中国参与北极油气资源开发利用的意义

"中国作为世界上最大的石油进口国,同时也是北极理事会的观察员,具有参与北极资源开发的前景与需求。"①随着经济的发展和技术的进步,北极地区油气开发依然可以像世界其他地区一样获得经济利益。中国购买北极油气产品,是通过参与国际市场资源再分配来实现自身利益,满足国内经济发展的需要。中国参与北极油气资源的开发,无论参与到勘探或开发抑或运输哪个环节,都有助于推动参与企业的技术进步和经验积累,提高其国际市场竞争力;即使中国企业仅仅参与北极油气项目上游投资,也比单纯地购买油气产品能够掌握更多的主动权,从而避免受到外界国际形势影响,保证国内油气资源长久持续的供应。

深入参与北极油气开发,还可以提升中国参与北极事务的能力及在北极事务协调中的话语权。在参与北极油气开发利用的过程中,中国也在不断地积累经验和教训。如果未来国际油价长期保持在较高的水平线以上,那么北极油气开发不仅保证了中国油气的多元化供应,还实现了企业盈利;如果国际油价始终低迷,那么参与新的北极油气项目开发可以适当放缓或保持观望态度,将企业的经济利益放在第一位;如果世界上其他易采、可采地区油气资源面临枯竭,那么无论油价高低,迫切的市场需求都会促使北极地区油气资源开发势在必行,而参与过北极油气开发并有过成功经验的国家更容易尽快参与其中,占得先机。

(二)中国参与北极油气资源开发利用的合作领域

在全球绿色低碳经济大背景下,中国也在加速能源结构转型。天然气

---

① 奚源.中国参与北极资源开发战略研究——基于渐进决策理论的视角[J].理论月刊,2017(7):171.

作为相对清洁的化石能源和能源转型中重要的过渡能源,在中国能源结构和经济发展中所占比重将会逐渐增大,未来消费市场潜力巨大。

在参与北极油气开发合作方向上,基于中俄亚马尔液化天然气项目的成功合作基础,建议未来可以从投资、技术、运输等方面开展合作,如图 4-2 所示。

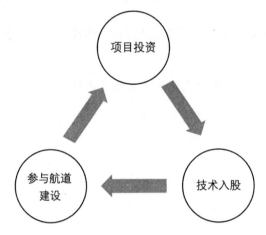

图 4-2 中国参与北极油气资源开发利用的重点合作领域

(1)项目投资。中国各大企业资金的大力投入,展示了中国企业强大的资金实力。以中国企业的资金优势参与未来俄罗斯北极油气开发是一种优势互补的合作方式。

(2)技术入股。中国企业建造出了世界首艘极地甲板运输船;其至宏华钻机设备制造公司生产出了中国第一台"极光"号极地钻机,打破了技术垄断。未来我国可以参与北极油气开发,加强与俄罗斯的科研技术合作,提升企业技术水平,以技术入股方式参与合作,凸显企业竞争力,如此才能获得更多的主动权。

(3)参与航道建设。北极航道的开通不仅对俄罗斯经济发展具有重要意义,对中国从俄罗斯北极地区海上进口油气资源也大大缩短了行程,节约了运输成本。对国际贸易主要依靠海上运输的中国而言,航道的开通和迅速发展对于中国加强与世界主要经济体之间的经贸往来起到重要作用。积极参与俄罗斯北极航道建设、发展北极航道将为中国未来参与北极多种资源的开发利用提供便利,同时也对中国的海上航线多元化和海运通道战略安全起到积极作用。

二、中国参与北极油气资源开发利用的战略

（一）中国参与国际合作的有利条件

1. 国际合作的内部优势分析

（1）国家发布北极政策高度重视北极事务参与。2018年1月发布的《中国的北极政策》白皮书（以下简称《白皮书》），为中国开发北极资源提供了系统的国内政策保障，加强了与北极国家间的相互了解和信任，为合作开采油气资源创造了良好的政治环境。《白皮书》旨在向各方全面介绍中国参与北极事务的基本立场和政策主张，传递中国致力于与各方共同维护北极和平、稳定和可持续发展的意愿。在北极资源利用方面，提出"参与油气和矿产等非生物资源的开发利用，支持企业通过各种合作形式，在保护北极生态环境的前提下参与北极油气和矿产资源开发"。

（2）"冰上丝绸之路"建设为与北极国家合作提供路径。中国发起共建"丝绸之路经济带"和"21世纪海上丝绸之路"（"一带一路"）重要合作倡议，与各方共建"冰上丝绸之路"，为促进北极地区互联互通和经济社会可持续发展带来了合作机遇与路径。因此，中国应当继续以亚马尔项目合作开发俄罗斯北极大陆架天然气为先例，积极寻求同俄罗斯等北极国家油气资源的各方面合作，继续深入参与到开发北极尤其是大陆架油气资源的活动中。

（3）中国国际影响力不断提升，北极事务参与度日益提高。近年来，中国在全球领导力和影响力、经济发展潜力、政府和媒体公信力等方面的"得分"持续上涨，国际形象更加积极、正面。中国加入北极理事会正式观察员国，能够充分参与区域事务协商，国际合作不断加强。

（4）北极科研能力加强，相关技术逐渐提高。中国持续推进北极科学考察，不断加大科研投入。同时，对海洋石油资源的综合开发技术也逐渐成熟与提高，与许多国家有着战略合作，在海洋石油资源勘探、溢油污染防治等方面有着丰富的经验和雄厚的实力。

2. 国际合作的外部机会分析

（1）北极地区油气资源具备较大潜力和贸易空间。从贸易角度来看，北极国家石油、天然气均具备一定的出口量，存在贸易出口空间。从资源潜力、出口量和地理距离来看，俄罗斯油气资源占北极国家大部分，地理上又

与我国毗邻,都具备相当的贸易优势;加拿大和阿拉斯加属于北极北美板块,资源潜力仅次于俄罗斯,但地理距离上较远;挪威和丹麦属于北欧国家,虽然具备一定的资源潜力和出口需求,但地理方位上并不占优势。

(2)北极国家经济发展,对油气资源开发利用与对外合作的依存度较高。北极各国经济发展,对油气资源的开发利用和消费,均存在一定的依赖性,这种依赖性包括对国外资金注入、寻求多元化出口空间等各方面的需求。因此,油气资源出口的贸易需求迫使其需要寻找多元化出口渠道,以中国为代表的亚洲是其需要争取的市场。从油气资源贸易角度来讲,中加合作的空间和潜力都是比较可观的。挪威经济增长对能源消费的依赖性较强,对外依存度也较高;丹麦的依赖程度相对较小。

(3)部分北极国家油气勘探开发技术水平领先。基于北极各国的能源生产率分析可以发现,挪威和丹麦能源生产率较高,属于能源高效区。他们在油气资源勘探开发的技术水平方面占据领先优势,尤其是挪威,在高寒深水环境下开展高投入高风险油气资源勘探开发方面具备技术的优势和丰富的经验,处于全球领先水平。因此,挪威与丹麦在生产作业等技术水平方面具备优势,在技术空间方面具备创造多种国际合作的可能性。

(4)北极航道的开通。随着通航条件的日益成熟,包含东北航道和西北航道在内的北极航道成为连接太平洋和大西洋的最短航道,也将是未来的能源通道。尤其是大部分在俄罗斯境内的东北航道,是北欧、东欧及西欧地区连接东亚的最短航线。我国是近北极国家,北极航道的开通将为我国带来极大便利性,可以大大缩短各地区之间的航程距离;距离优势可以减少航行时间,进而减少船舶燃油费、船员工资等费用,使运输成本降低;相比于传统航道,北极航道安全系数相对较高。

(二)中国参与国际合作的战略路径

中国参与国际合作的战略路径,如图 4-3 所示。

1. 增长型战略

增长型战略强调发挥自身优势来把握外部机会,是最理想的情况。增长型战略选择中,俄罗斯应该是首选。考虑到中国《白皮书》政策保障和"冰上丝绸之路"的路径优势,以及俄罗斯经济对油气资源的较高依存度、油气资源较高的对外合作依存度,分析这样的优势机会组合,可以提高中俄合作的竞争力。

中俄开展油气资源合作具有三方面的增长型战略优势机会组合。第一,俄罗斯与中国毗邻,地理优势不言而喻,在"一带一路"的建设背景下,21世纪海上丝绸之路战略框架也为两国的合作提供了更坚实的平台;第二,中俄战略合作历经近70个春秋已经进入了新的发展阶段,两国是"全面战略协作伙伴关系",北极能源合作对于两国都是互惠互利的事实。中国也可以通过从俄罗斯进口石油和天然气实现自身的经济持续发展,解决环境生态问题;第三,中俄经济具有极强的互补性,俄油气开发需要中国资金注入,促使油气合作成为两国合作开发的引擎,使中俄两国在北极能源开发合作方面空间广阔。中国是北极理事会的观察员,拥有相应的资源、技术和科研潜力,应该是俄罗斯在北极事务中的优先合作伙伴,可满足其寻求更多外部资金、增加投资多元化、拉动内需刺激经济增长的需求。

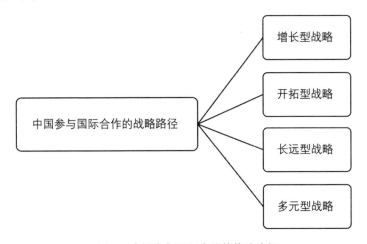

图 4-3　中国参与国际合作的战略路径

中俄的油气资源开发合作,一方面从含油气盆地资源潜力和油气商业价值入手,优选西伯利亚盆地北部的南喀拉海-亚马尔盆地和蒂曼-伯朝拉盆地,参与俄罗斯北极地区尤其大陆架等海域未来重点的能源开发区域,与俄方共同推进油气资源经济增长点;另一方面鼓励中国企业以亚马尔项目的成功模式为基础,通过投资等各种方式参与俄罗斯油气开发,在中国能源企业同俄罗斯的油气投资取得实质性进展的基础上,建立合资企业,使中俄两国在合作效率上取得有效进步。此外,从贸易角度考虑,中俄需要加强共同建设天然气管道来拓展管道天然气贸易。同时,也需加强两国在液化天然气方面的贸易往来。

2.开拓型战略

开拓型战略强调利用外部机会来弥补自身劣势。北欧国家对中国等域外国家参与北极事务的态度更加开放，所以中国与这些国家的北极交流起步早、障碍少、进展快，很有希望形成互重、互信、互动、互利的伙伴关系。其中，挪威在北极开发过程中极具影响力和话语权。挪威积极把握北极事务变化所带来的经济价值和国际政治影响力，对北极区域合作机制的建立起到了至关重要的作用。同时挪威在北极事务的处理过程中，以强化北极科研为基础，以发展尖端技术为依托，以推动北极多边合作为助手。挪威的石油天然气工业在世界能源行业中占有重要地位，其石油和天然气产业也拥有世界领先的安全和环保标准。

中方与挪威石油天然气方面的合作与贸易，需要考虑的内容包括：①早日重启双边自贸协定谈判，恢复双边经贸联委会机制，鼓励双向投资。从油气资源贸易方面挖掘合作潜力，深化在管道天然气、液化天然气以及海洋工业、船舶制造、油气开发、极地事务等各领域的务实合作，充分释放多年积累的合作潜能。②从寻找新的油气开采资源上着手，可以与挪威合作，从巴伦支海区域进行油气资源勘探，探索该地区和挪威大陆架油气资源储量和可采程度。③结合中国国情，辩证地学习挪威石油资源的高效开发利用模式、政府权益和管理架构以及财富管理流程等方面的成功经验。另外，在推动中挪关系持续健康稳定发展的同时，结合中国的战略政策，考虑"一带一路"倡议与挪威石油天然气资源政策上的对接。

丹麦也是北极地区天然气资源出口国，丹麦需要石油和天然气的收入来资助其绿色转型，并实现到2050年停止使用化石燃料的承诺，这意味着其仍需要保持北海地区油田生产，确保油气业务收入投注在可再生能源上。因此，中国与丹麦的合作可以从可再生能源、发达的海运行业和环保领域考虑。丹麦寻找解决能源问题的根本出路是坚持"节流"与"开源"并举的基本理念，其政策导向、法律体系及创新技术对于我国的社会建设有着不可忽视的借鉴意义。将丹麦节能减排的措施方式和最佳实践在中国加以合理利用，将有助于我们加快建设一个生态文明的节约型社会，并最终建成人与自然和社会共同和谐发展的"美丽中国"，有助于我国实现一举多得的目标。丹麦与中国已通过双边投资协议等方式建立了完善的合作机制和良好的投资法律体系，对丹麦能源领域的投资可享受丹麦国民待遇，为中国与丹麦的合作提供了良好的机遇。

3.长远型战略

长远型战略是弥补内部劣势并规避外部威胁的收缩性举措，是应对最不利状况时考虑的战略选择。中国在参与北极事务尤其是油气资源开发利用上,要把握"度",积极表明态度获取信任,避免国际舆论的不利关注。中国作为多个北极主要国家的重要国际合作伙伴和战略伙伴,具备绝对地位和实力来协调北极大国关系的正常发展,为区域内的和平稳定贡献力量。中国参与北极油气资源开发的基本原则,可以消除他国疑虑,合法、公开地参与北极事务协调和合作工作。这方面的合作准备,可以考虑美国的阿拉斯加,其以国际合作方式参与到北极油气开发中,既可为世界能源勘探开发事业做出贡献,又有利于提升自身的油气资源开发能力。

中国已连续多年是阿拉斯加第一大国际贸易伙伴,也是阿拉斯加矿产品的最大海外市场。如果阿拉斯加能实现液化天然气对华出口,将带来持续的就业和稳定的经济增长,也将帮助中美合作减少二氧化碳排放,共同应对全球气候变化的严峻挑战,这对双方来说是"完美的结合"及"无与伦比的合作机遇"。中国需要加强与阿拉斯加州在管道天然气和石油方面的进一步合作。

另外,中国也要加强与在北极居住的人们等北极组织的合作。尊重他们的传统和文化,重视他们的需求,在北极环境保护和资源开发利用上,获得他们的支持。通过与北极合作伙伴在政策、科研和经济方面的合作,中国已日益成为北极利益相关者。参加北极理事会的工作,与北极伙伴国建立学术合作、商业合作都是取得进展的最佳途径。

4. 多元型战略

多元型战略强调利用自身优势回避或减少外部威胁的冲击。中国在充分认识自身优势的同时,需要加大成果应用的范围,拓展应用渠道与北极国家的多领域合作,推进互利共赢的合作模式。在这方面,与加拿大合作是不错的选择。

加拿大天然气行业要想保住传统天然气市场,就要积极寻找油气资源的多元化出口渠道,并拓展新的天然气客户。在未来北极理事会改革中,中国可以同加拿大加强合作,提高在北极事务中的话语权。因此,中国加强与加拿大的油气资源合作,可以从三个方面着重考虑:①加强油气进出口贸易方面的合作。加拿大政府和能源行业一直致力于与中国的合作,通过高效率、低成本、重环保的方式满足中国的能源需求。②在加拿大石油和天然气领域丰富的专业知识和技术工艺方面加强合作。加拿大国际开发署还通过一系列石油天然气技术转让计划支持中国的能源工业。加拿大在该工业领域不断产生重要技术及进行工艺创新,石油天然气设备产业也能够为勘探和开发提供各种机械与设备;在设备生产及营销方面,可靠与优质的服务也是值得学习的,如地球物理学方面的评估、油井消防、安全培训、抗震研究及包工钻井等方面。③借鉴加拿大具备良好运营条件的复杂的油气管道等相关基础设施方面的成功经验。

(三)中国参与北极地区油气资源开发利用的技术创新路径

科学研究是认知、利用和保护北极的基础,技术装备更是北极油气资源开发利用的重要保障。域外国家在北极事务上的发言权和影响力,在很大程度上取决于该国以科研为主的北极知识储备的获取能力和转化能力,这种知识储备应该包括自然科学和社会科学两个重要方面。因此,中国在这两个方面都必须进一步加强。一方面,通过自然科学研究,针对北极冰盖下资源的储藏情况进行细致的考察,包括对北极海域油气的储藏位置、储藏量和地质环境等考察,为中国利用和开发这些北极资源提供详细的参考;另一方面,中国需要加强对北极地区政治、经济、法律、国际关系、社会和文化的研究,为中国在北极事务中的地位、身份、作用和与北极国家间关系做好软科学支撑。

中国企业可以在地质研究、设备制造、海运物流等方面发挥优势,并将极地勘探、开发和建设的技术应用到北极油气资源开发项目中,解决资源开发、运输中可能遇到的诸多问题,为将来在北极油气资源开发的竞争中脱颖而出储备力量。

1. 促进北极资源开发模式的发展

北极生态是地球上最为脆弱的,也是最为敏感的,北极油气资源开发面临着严峻的环境保护挑战,各国在争夺北极资源的同时,也必须要承担相应的义务。因此,探索一套适用于北极地区环境保护约束条件下的资源开发模式,不但能够在保护北极生态环境和资源开发利用二者间找到平衡点,而且能够实现北极石油资源的可持续开发。中国若能率先在这方面有所突破,则会为全人类在北极气候变化和生态保护方面做出贡献,也将在下一轮北极资源开发利用中取得竞争优势。

2. 技术支持温室气体的资源化利用

北极是环境变化的敏感区,是温室气体和大气污染物质的重要源汇区,对全球气候、环境变化的影响和反馈相当敏感。无论是在北极地区勘探开发石油天然气,还是国民经济生产过程中的油气资源消费,均不可避免地会产生二氧化碳等主要温室气体。面对由于碳排放导致的空气污染和温室效应等巨大压力,中国作为一个负责任大国,作为北极环境保护的倡导者,应该积极采取有效措施,控制二氧化碳排放。

在北极地区勘探开发利用石油天然气,实行二氧化碳高效利用与地质埋存相结合的思路是温室气体资源化利用的有效手段,也是缓解环境污染压力、提高石油采收率的有效途径。中国在此领域的相关研究工作,需要紧跟国际前沿,抓住有利时机,尽快开展有关的应用基础和技术研究,早日跻身于世界前沿,为迎接北极资源的开发储备优势技术。

3.加强风险分析与预警技术研究

中国参与北极地区的油气资源开发利用,必须进行全面的风险识别、分析和预警。北极油气资源开发风险存在于北极油气资源的勘探、开发、生产、运输、销售和消费的全过程。风险源包括:①考虑基于北极特殊的地理位置和背景,需要面对的国际环境和政策法律背景;②资源保障方面,包括资源量、剩余可采储量等;③地质风险,它是影响油气资源勘探成功与否的重要风险因素,包括烃源岩风险、储层风险、保存风险、圈闭风险和配套风险等;④技术风险,主要是技术设计、施工、操作等方面给油气资源勘探项目带来损失的风险;⑤生产方面,如生产能力和产量等;⑥运输方面,如海上运输量比重、运输距离、运输能力和运输量等;⑦销售方面,如销售量、价格波动等。我国需要依据上述风险来源分析风险类型、产生原因和预警机理等,进行持续的鉴别、归类、整理和评估,加强风险分析和预警技术的研究,制订相应的风险管理计划和方案,并付诸实施,以最大限度地减少风险。

第五章　油气储运的安全装备与技术措施

第一节　油气储运的安全装备

油气储运的安全装备,如图 5-1 所示。

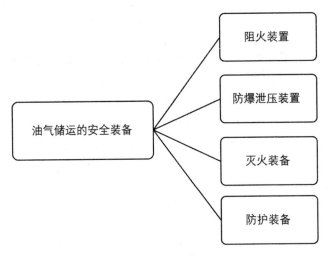

图 5-1　油气储运的安全装备

一、阻火装置

阻火装置又称为火焰隔断装置,包括安全液(水)封、水封井、阻火器及单向阀等。其主要作用是防止外部火焰窜入存有燃爆物料的系统、设备、容器及管道内,或者阻止火焰在系统、设备、容器及管道之间蔓延。

阻火装置,如图 5-2 所示。

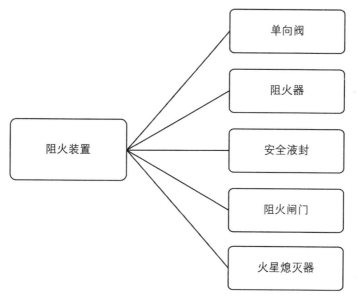

图 5-2　阻火装置

（一）单向阀

单向阀又称止逆阀、止回阀，它的作用是仅允许流体向一个方向流动，若有逆流时即自动关闭，可以防止高压窜入低压引起设备、容器、管道的破裂。单向阀在生产工艺中有很多用途，阻火也是用途之一。单向阀通常设置在与可燃气（蒸气）管道或与设备相连接的辅助管线上、压缩机或油泵的出口管线上、高压系统与低压系统相连接的低压方向上。

（二）阻火器

阻火器（又名防火器、隔火器）是用来阻止易燃气体和易燃液体蒸气的火焰蔓延的安全装置。早在 1928 年阻火器已被应用于石油工业，以后随着工业发展广泛用于化学工业、煤矿、水运、采油、铁路运输、煤气输送管网及油气回收系统等。

1. 阻火器的工作原理

（1）传热作用。燃烧所需的必要条件之一就是要达到一定的温度，即着火点。低于着火点，燃烧就会停止。依照这一原理，只要将燃烧物质的温度降到其着火点以下，就可以阻止火焰的蔓延。当火焰通过阻火元件的许多细小通道之后将变成若干细小的火焰。设计阻火器内部的阻火元件时，要尽可能扩大细小火焰和通道壁的接触面积，强化传热，使火焰温度降到着火点以下，从而阻止火焰蔓延。

（2）器壁效应。燃烧与爆炸并不是分子间直接反应，而是受外来能量的激发，分子键遭到破坏，产生活化分子，活化分子又分裂为寿命短但却很活泼的自由基，自由基与其他分子相撞生成新的产物，同时产生新的自由基再继续与其他分子发生反应。当燃烧的可燃气通过阻火元件的狭窄通道时，自由基与通道壁的碰撞概率增大，参加反应的自由基减少。当阻火器的通道窄到一定程度时，自由基与通道壁的碰撞占主导地位，由于自由基数量急剧减少，反应不能继续进行，也即燃烧反应不能通过阻火器继续传播。

2.阻火器的分类方法

（1）阻火器按结构分类

1）金属网型阻火器：以不同目数的金属丝网重叠起来组成阻火层，这种阻火器由于本身结构达不到阻火性能，已被取代。

2）波纹型阻火器：由不同的波纹板和平板缠绕成不同规格孔隙的阻火层，阻火层上由相同尺寸的三角形孔隙组成，波纹的高度根据阻止火焰速度设计，因此制造较为简单，能阻止爆燃和爆轰火焰通过，被广泛应用。

3）泡沫金属型阻火器：阻火层用多孔隙的泡沫金属，其结构与多孔隙的泡沫塑料相似。其金属中铬的含量不少于15%，不大于40%。其优点是体积小、重量轻，但阻力大、易堵塞。

4）多孔板型阻火器：阻火层用不锈钢薄板在水平方向重叠而成，板上有许多细小的缝隙或许多细小的孔眼，从而形成许多有规律的通道。板与板之间有0.16mm的间隙，形成固定的间距，这种阻火器的阻力小，但不能承受猛烈的爆炸。

5）水封型阻火器：水封用于阻止、节制气流。其原理是：利用水层阻止火焰通过，因为火焰通过水封层时吸收大量热量，迫使火焰熄灭。其适用于阻止爆燃火焰通过，结构简单，体积大，因此使用上有局限性。

6）充填型阻火器：其阻火层充填砾石、陶瓷环和玻璃珠等充填物，利用充填物之间的空隙阻止火焰通过。充填型阻火器结构简单，但流阻大，能有效阻止爆轰火焰通过。

（2）阻火器按用途分类。阻火器按用途可分储罐阻火器、加油站阻火器、加热炉阻火器、火炬阻火器、放空管阻火器、煤气输送管阻火器等。

（3）阻火器按安装位置分类。管端阻火器：安装在排气管的端部；管道阻火器:安装在管道中间位置。

（4）阻火器按阻止火焰速度分类。阻爆燃型阻火器:能阻止以亚音速传播的爆炸火焰通过;阻爆轰型阻火器:能阻止以冲击波为特征、以超音速传播的爆炸火焰通过。

3.阻火器的用途与性能要求

（1）阻火器的用途

1）输送可燃性气体的管道。

2）火炬系统。

3）油气回收系统。

4）加热炉燃料气的管网。

5）气体净化通化系统。

6）气体分析系统。

7）煤矿瓦斯排放系统。

8）易燃易爆溶剂系统（如反应釜及储罐放空口等）。

（2）阻火器的性能要求

1）管端阻火器的阻火性能应达到现行规定。

2）阻火器壳体应能承受115倍于设计压力的水压试验,无渗漏。

3）阻爆燃型阻火器必须连续经受13次阻爆燃试验,每次必须阻止亚音速火焰通过。

4）阻爆轰型阻火器必须连续经受13次阻爆轰试验,每次必须阻止超音速火焰通过。

（三）安全液封

安全液封是一种湿式阻火装置,通常采用的液体为不燃液体,一般是水,也可以采用水与甘油、矿物油的混合液,或者用食盐、氯化钙的水溶液。它安装在压力低于0.02MPa（表压）的气体管线与生产设备之间,或设置在带有可燃气体、蒸气和油污的下水管道之间,用于阻止火焰蔓延。常用的安全液封有开敞式和封闭式两大类。

工作原理:连续的气流在水层中被分散成许多小气泡,隔断了气源的连续通道,使火焰无法传播过去,从而达到阻止火焰蔓延的目的。

阻火原理:液封中装有不燃液体,无论在液封两侧的哪一侧着火,火焰蔓到液封就会熄灭,从而阻止火势蔓延。

使用时的注意事项:①安全液封内的液位应保持一定高度,否则起不到液封作用;②寒冷地区要有防止封液冻结的措施;③全厂性生产污水的支干管、干管的长度超过 300m 时,应用水封井隔开;明沟排水时,应设水封井将明沟隔为数段,每段长度不宜大于 20m;④甲、乙类工艺装置内污水管道中干管的水封井,最高处的检查井及输出装置的水封井等部位,应设排气管。

(四)阻火闸门

阻火闸门是为了阻止火焰沿通风管道或生产管道蔓延而设置的阻火装置。在正常情况下,阻火闸门受环状或条状的易熔金属的控制,处于开启状态。一旦着火,温度升高,易熔金属即会熔化,此时闸门失去控制,受重力作用自动关闭,将火阻断在闸门一侧。

(五)火星熄灭器

火星熄灭器又称防火帽,通常安装在产生火星设备的排空系统,如安装在汽车、拖拉机等内燃机的废气排出口和烟囱上,以防止飞出火星引燃周围的易燃易爆介质或可燃物。熄灭火星的方法,主要有下列四种:

(1)将带火星的烟气从小容积引入大容积,使气流速减慢,压力降低,大的火星颗粒使其沉降下来。

(2)设置障碍,改变烟气流动方向,增大火星流动路程,使火星熄灭或沉降。

(3)设置网格叶轮等,将较大的火星挡住,或将火星分散开,以加速火星的熄灭。

(4)借助水喷淋或水蒸气熄灭火星。

二、防爆泄压装置

(一)安全阀

1.安全阀的构造及工作原理

(1)杠杆重锤式安全阀。当容器内的压力大于重锤作用在阀瓣上的力时,阀瓣开启,蒸汽通过环形间隙高速流出,遇到反冲盘,使流束改变方向,产生的反作用力使阀杆进一步上升,开大阀门。调整反冲盘的位置,可以改变安全阀的升程和回座压力,调整重锤的位置,可以得到不同的开启压力。

(2)弹簧式安全阀。当系统处于计算压力时,阀门处于关闭状态,阀瓣上受到介质作用力和弹簧的作用力。当系统压力升到阀门动作压力时,某一瞬间,介质开始产生泄漏,随压力的升高,阀瓣开始升起。这种安全阀是随着容器内压力的升高而逐渐开启的,它是微启式安全阀。当系统压力回到工作压力或稍低于工作压力时,安全阀关闭。

(3)脉冲式安全阀。脉冲式安全阀有主阀、辅阀,辅阀为口径很小的直接载荷式安全阀,与主阀相接。当系统超压时,辅阀首先开启,排出介质。它适用于大口径、大排量及高压系统。

2. 安全阀的功能

安全阀广泛用于各种承压容器和管道上,防止压力超过规定值,它是一种自动机构,当压力超过规定值后自动打开,内部介质喷出,从而达到泄压的目的,而压力回降到工作压力或略低于工作压力时又能自动关闭。它的可靠性直接关系到设备及人身的安全。

(1)安全阀的各种压力规定

第一,最高允许压力:介质通过安全阀排放时,被保护容器内允许的最高压力。

第二,运行压力:容器在工作中经常承受的表压力。

第三,容器的计算工作压力:进行容器壁厚强度计算的压力。

第四,全开压力:安全阀在全开启行程下的阀前压力,又叫作排放压力。

第五,整定压力:调整的是安全阀开启的入口压力。

第六,关闭压力:又叫作回座压力,是安全阀开启后,当容器压力下降到该压力时安全阀关闭的压力。

第七,回差:容器的工作压力同安全阀的关闭压力之差。

第八,背压:在安全阀排出侧建立起来的压力。背压可能是固定的,也可能是变动的,影响着安全装置的工作,向大气排放时,背压为零。

(2)对安全阀的工作要求

第一,当达到最高允许压力时,安全阀要尽可能开启到应达到的高度,并排放出规定量的介质。

第二,达到开启压力时,要迅速开启。

第三,安全阀在开启状态下排放时应稳定无震荡。

第四,当压力降低到回座压力时,应能及时有效地关闭。

第五,安全阀处于关闭状态下,应保持良好的密封性能。

(3)安全阀的排放能力。安全阀的排放能力是指在单位时间内流经安全阀的介质流量。安全阀的排放能力要保证能放掉系统中可能产生的最大过剩介质量,给予系统设备有效的保护。

3. 安全阀的选用

选用安全阀通常需要的数据包括:①工作介质及其状态;②介质的下列物理性质:液体介质的密度、黏度,气体介质的相对分子质量、绝热指数、压缩性系数;③工作压力(设备正常运行压力);④整定压力及最大允许超过压力;⑤背压力;⑥工作温度(排放时介质温度);⑦每台安全阀的必需排量;⑧其他特殊要求。

4. 安全阀的安装与调试

(1)进口管道的安装

1)安全阀应安装于垂直向上的位置,否则应得到制造厂的同意。

2)安全阀的安装位置应尽可能靠近被保护的系统。安装安全阀的进口管应短而直,进口管的通道最小面积应不小于安全阀进口截面积。对于高压和大排量的场合,进口管在入口处应有足够大的圆角半径,或者具有锥形通道,锥形通道的入口截面积近似为出口处截面积的两倍。

3)当安全阀排放时,在进口管中,即在被保护设备同安全阀之间的压力降应不超过整定压力的 3%,或最大允许启闭压差的 1/3(以两者的较小值为准)。

4)对安装安全阀的管道或容器应给予足够的支撑,以保证振动不会传递到安全阀。

5)在安全阀进口安装隔离装置时,应不违背国家的、法律的或规范的要求。

(2)排放管道的安装

1)排放管道的截面积应不小于安全阀出口截面积。当多台安全阀向一个总管排放时,计算排放总管的截面积应保证排放总管能够接受所有可能同时向其排放的安全阀的总排放量。

2)由于排放管道对流体的阻力而产生的压力降应尽可能小(通常应小于整定压力的 10%),以避免产生过大背压,影响安全阀的动作性能和排量。

3)排放管道的安装和支撑方式应能防止管道应力附加到安全阀上。

4)应防止出现任何可能导致排放管道系统阻塞的条件。例如,必要时应设置排泄孔,以防止雨、雪、冷凝液等积聚在排放管中。

5)安全阀的排放及疏液应导至安全地点。应特别注意危险介质的排放及疏液。

6)在安全阀出口安装隔离装置时,应不违背国家的、法律的或规范的要求。

(3)整定压力调试。整定压力调试的内容包括:①制造厂的出厂调试;②校验台上定期校验;③安装现场调试。

(4)排放压力和回座压力的调试。排放压力和回座压力的调试内容包括:①功能试验台上模拟试验;②安装现场调试。

(二)爆破片

爆破片(又称防爆膜、防爆片)利用法兰安装在受压设备、容器及系统的放空管上。当设备、容器及系统因某种原因压力超标时,爆破片即被破坏,使过高的压力泄放出去,以防止设备、容器及系统受到破坏。

1.爆破片的特征

(1)爆破片能适应快速升压的要求,而安全阀则因控制其阀瓣开启的弹簧必须克服其惯性,需要一定的时间,通常化学反应失控会产生较快的升压速度,此时容器上的安全装置采用爆破片装置。

(2)密封性能可靠,对于有毒易燃的介质,宜选用爆破片装置。安全阀的阀瓣与阀座间难免会产生微量或少量的介质泄漏。

(3)安全装置的动作与介质的状态无关,对于有少量的固体结晶或黏性液体黏在爆破片上,不会影响爆破片的爆破压力,若是黏在安全阀的阀瓣——阀座密封面上,则有可能严重影响其开启压力。

(4)爆破片还具有爆破压力、爆破温度、泄放面积的幅度大、耐腐蚀性好、爆破压力精度高、结构简单、安装方便等优点。

(5)爆破片的缺点是只能使用一次,一旦破裂,将有近90%的介质泻出,经济上损失巨大,因此管理上要求定期更换爆破片的膜片。为了减少泄放时物料的损失,可将爆破片装置和安全阀装置组合配置。为了防止爆破片因轻微的腐蚀或因疲劳而提前破裂、操作被迫中断从而影响设定的更换周期,可以将两个爆破片串联配置。

2.爆破片的类型

(1)正拱型爆破片:拱型向上,一般适用于气体介质。

(2)反拱型爆破片:拱型向下,抗疲劳性能好,不需要考虑真空影响,不产生碎片且可在爆破压力的90%以下操作。必须用于在受压侧存在一定体积的气体环境,以便膜片失稳翻转时有足够的能量使其完全打开,但刻槽型能用于液体介质。

(3)石墨爆破片:采用人工晶体石墨制成,最适用于较低爆破压力且要求抗化学腐蚀环境的场合。

(4)组合爆破片:为满足某些被保护设备的特殊要求产生,如双向爆破片、正反拱组合爆破片。

(5)夹持器:作用是将爆破片的周边按设计要求正确地夹紧在配置位置上,使爆破片能达到设计要求的爆破压力。

3.爆破片的材质

(1)材质选择原则。材质选择原则包括:①适当的强度;②足够的耐腐蚀性能;③较好的热稳定性;④塑性好、质量均匀、性能稳定。

(2)金属膜片材料

1)纯铝:抗浓硝酸、碳酸氢铵等腐蚀,不耐碱及氯化钠等的腐蚀。低温性能好,强度低且不耐高温,故通常用于小直径、低压力及温度较低的场合。

2)纯银:塑性及抗腐蚀性良好,力学性能和热稳定性都比铝良好,强度和铝差不多,是性能优越的低压力爆破片材料。

3)纯镍:化学稳定性好,能耐海水、碱性液及大多数无机盐与有机酸的腐蚀。强度好、塑性高、热稳定性良好,适用于高温中压的性能良好的爆破片材料。

4)奥氏体不锈钢(304、316、316L):强度高,热稳定性好,常用于高温、高压、中压及大直径爆破片和真空支承件。

5)蒙乃尔合金:良好的抗酸、苛性碱及抗二氧化硫、二氧化碳等气体腐蚀的能力。高温力学强度高,热稳定性能好,常用于高温、高、中压力的爆破片及真空支承材料。

(3)非金属膜片材料。非金属膜片材料包括:①经树脂等浸渍过的不透性、等静压高级人造晶体石墨。对温度不敏感,但对压力波动敏感,常用于中低压爆破片。②其他石棉板等。

4.爆破片的配置及安装注意事项

(1)单独设置。容器或系统中的压力升压速率很快而不能采用安全阀时或介质为黏稠性时,必须采用爆破片装置;对于毒性较大的或易燃的介质在操作中不允许泄漏时,宜采用爆破片装置。

(2)组合设置。组合设置通常是指爆破片和安全阀组合配置,目的是发挥爆破片防腐蚀、防泄漏及能快速开启等优点。其和安全阀只泄放超压部分的介质,而将绝大部分介质留在容器内,减少损失且可多次使用的优点结合起来会产生较大的经济效益。

组合设置有串联和并联两类:

1)串联组合。两泄放装置的泄放压力基本相同,泄放能力一致,一为主,一为辅。

第一,爆破片装置位于容器和安全阀中间。设计者可能是以安全阀为主要泄放装置,在其上游设置爆破片是为了避免泄漏或腐蚀介质、黏性介质对安全阀的影响;设计者也可能是以爆破片为主要泄放装置,在其下游设置安全阀是为了只泄放超压介质,将大部分介质保留下来。在爆破片和安全阀之间必须接出一个旁通管路,作用是检验爆破片是否已经失效。在该管路上通常有过流阀、压力计或压力报警器及放空阀等。爆破片破裂时应无碎片,以免堵塞管路或阻碍安全阀的正常工作。

第二,安全阀位于容器和爆破片装置之间。爆破片的作用是防止安全阀的出口侧有背压出现而影响其正常开启,也可以防止安全阀出口附近环境空间有腐蚀性介质。在安全阀和爆破片间应设置过流阀(气体介质)或排液口(液体介质),以防止安全阀微量介质泄漏产生的背压积累从而影响安全阀在规定的压力下开启。容器内的介质应是清洁流体,无黏滞性或固体物。

2)并联组合。爆破片和安全阀分别由容器中接出,各自单独泄放。采用这种结构通常是因为容器中有可能产生化学反应超压失控,升压速率大而采用爆破片装置;而在正常的操作过程中产生瞬间压力跳动的概率要比反应失控的概率大得多,为不使其较大的瞬间跳动损坏爆破片,故设置安全阀。在该并联组合装置中,安全阀的开启压力低于爆破片的爆破压力。

(3)爆破片的安装。应将爆破片装置或组合装置设置在容器本体或其附属管线上容易检修理的部位。用于泄放气体的泄压装置应连接在容器顶部或气体管道上;用于泄放液体的则应连接在容器正常液位的下方或液体管道上。

1)在泄放装置和容器间的连接管道应短、呈直线形,管道的直径应能满足泄放量的要求。

2)在容器与泄压装置之间除因容器连续操作的需要或者泄压装置检修的需要可安装切断阀外,均不得安装切断阀。正常操作时切断阀应锁定在全开位置。

3)泄放管道上并联多个泄放装置时,该管道的流体截面积应能满足泄压装置泄放量的要求或至少和多个泄压装置入口面积之和相当。

4)当泄放有毒物质时,应在向大气排放之前予以消毒处理,使介质符合排放标准。

5)易燃气体伴随烟雾同时排放时,应装设分离器,将捕集烟雾后的易燃气体发放到安全区域中。

6)设计管道时应考虑介质在泄放管道内高速流动时泄压装置及其相关管道施加的反作用力,应计算其作用力矩和应力以及介质排放时所产生的瞬时动载荷。

三、灭火装备

(一)空气泡沫产生器

空气泡沫产生器是空气泡沫灭火系统中产生泡沫的主要设备,安装在易燃液体储罐上,用作液上喷射泡沫灭火。它有立式、横式和槽式三种型式。

(1)立式空气泡沫产生器。立式空气泡沫产生器的规格,按每秒钟泡沫发生量计有 25、50、100、150、200L 共五种。它主要由产生器、泡沫室和导板组成。产生器则由孔板、产生器本体、滤尘罩构成。其中孔板用来控制混合液流量;滤尘罩安装在空气吸入口上,以防杂物吸入。泡沫室由泡沫室本体、滤网、玻璃盖、泡沫室盖构成。其中滤网是用来分散混合液流,使它与空气充分混合,形成泡沫;玻璃盖厚度为 2mm,表面刻有十字形破碎痕,平时防止储罐内液体溢出和液体蒸气逸出,喷射泡沫时只要有 0.1MPa 左右的压力冲击,即能破碎,导板用来将泡沫导向罐壁,使之平稳地覆盖到着火液面上。

(2)横式空气泡沫产生器。横式空气泡沫产生器的规格,按每秒泡沫发生量有 25、50、100、150L 共四种。它的结构简单、重量轻、安装方便。其构造与立式基本相同。

(3)槽式空气泡沫产生器。槽式空气泡沫产生器的泡沫发生量较小,只适宜安装在油槽上或小型油罐上。

横式空气泡沫产生器与槽式空气泡沫产生器的工作原理是:当混合液沿管道流过产生器孔板时,突然节流,流速增大,造成负压,使大量空气吸入产生器内,与混合液初步形成泡沫;然后经滤网或击散片的分散作用,使混合液与空气得到充分混合,形成空气泡沫,将玻璃盖冲破;在导板的作用下,泡沫沿罐壁流向着火液面,将火扑灭。

立式空气泡沫产生器有 PS4、PS8、PS16、PS24、PS32 共五种型号;横式有 PC4、PC8、PC16 和 PC24 共四种型号。使用时应注意混合液进入产生器时的压力必须保证在 0.3~0.5MPa,最低不得低于 0.2MPa。如果压力过低,混合液就会从空气进口流出,不能形成泡沫或形成倍数很低的泡沫;但如压力高于 0.5MPa,也同样不利于泡沫的形成。每次使用后,应用清水将空气泡沫产生器冲洗干净,并换上新玻璃盖。

(二)空气泡沫比例混合器

空气泡沫比例混合器是固定泡沫灭火系统、泡沫消防车的主要配套设备,它能使水与空气泡沫液按一定比例混合,组成混合液。它有两种类型:环泵式负压比例混合器和压力比例混合器。

1.环泵式空气泡沫负压比例混合器

环泵式空气泡沫负压比例混合器是安装在水泵的出水管和进水管线之间,连接成环状旁路,故称环泵式负压比例混合器。目前有 PH32 型、PH48 型和 PH64 型三种,PH32 型又分固定式和移动式。PH32 型固定式比例混合器喷嘴的进口与消防水泵的出水管连接;扩散管的出口则与消防水泵的进水管连接。调节阀是由阀门芯、手轮、弹簧、指示牌、指针等组成。阀门芯上有五个口径不同的泡沫液量控制孔;指示牌上相应刻有 25、50、100、150、200 五个泡沫量指数。使用时,可借手轮旋转空门芯,将指针转到所需的泡沫量指数上,调节泡沫液的吸入量。它的工作原理是,当水泵启动后,有压的水流由闸阀进入比例混合器,经过喷嘴喷入扩散管,再由扩散管经水泵进水管吸入水泵内。在这样不断的循环中,由于喷嘴口很小,水流由喷嘴喷出时流速很快,真空室内便造成负压,于是泡沫液罐内的泡沫液在大气压作用下,能经过吸液管和控制孔被吸进真空室,与水混合形成混合液,混合液经扩散管被吸入水泵后,大部分经水泵沿着管道输送到泡沫产生器;小部分则又返回比例混合器。

使用时注意,泡沫量在指示牌允许范围内可根据需要进行调节。比如,供应一只 50 的泡沫产生器,指针转在"50"的位置上;供应两只 50 或一只 100 泡沫产生器时,指针转至"100"位置上,这种比例混合器不宜在正压条件下工作。因此,水泵进水管不应使用有压水源,如消火栓或地面蓄水池,否则不能按比例混合。

2. 空气泡沫压力比例混合器

空气泡沫压力比例混合器是固定式和半固定式泡沫灭火系统的配套设备之一。安装在耐压的泡沫液储罐上，并处在水泵出口的压力管网上，所以叫作泡沫压力比例混合器。它的用途与负压比例混合器相同。

空气泡沫压力比例混合器的工作原理是：当有压力的水流通过比例混合器时，在压差孔板的作用下，造成孔板前后之间的压力差。孔板前较高的压力水由缓冲管进入泡沫液储罐上部，迫使泡沫液从储罐下部经出液管压出；当它通过节流孔板时，又受压差孔板后负压的影响被吸入。由于孔板的喷射作用，使泡沫液与压力水按 6∶94 比例混合。它利用了压和吸的双重作用，故其压力损失小。

目前，空气泡沫压力比例混合器有 PHY16、PHY32 两种规格。在使用空气泡沫压力比例混合器时，应将空气泡沫压力比例混合器进口压力调到 0.6~1.2MPa 范围内。进口压力的大小，取决于所配用的泡沫喷射设备的工作压力、管道（或水带）长度及摩擦损失的大小。出口压力只要能处于泡沫喷射设备的工作压力范围，混合器均能正常工作。具体操作方法是：加液时，将联动手柄扳至"开"位置，关闭放液阀，打开加液口法兰，注入泡沫液，直至泡沫罐灌满为止；然后盖紧加液口，再把联动手柄扳至"关"的位置。灭火时，调整消防水泵供水压力，使之达到使用要求，然后把联动手柄推向"开"的位置。放液时，开启放液阀，打开放液法兰，把残余泡沫液和水排出储液罐。储液罐平时应装满泡沫液并保持密封。

3. 空气泡沫枪

空气泡沫枪是用来产生和喷射空气泡沫的灭火工具，适用于扑救小型油罐、地面石油产品及木材等一般固体物质的火灾。

空气泡沫枪按泡沫发生量主要有 25、50、100 三种，与其相同的型号是 PQ4、PQ8、PQ16 型。空气泡沫枪由吸液管、吸液管接头、枪体、管牙接口、滤网、喷嘴、枪筒组成。但由于该枪种类有长筒式和短筒式两种，所以具体构造也不完全一样。长筒式除上述部件外，还有锥心、喷口、枪座。短筒式除上述共有部件外，还有密封圈、启闭柄、手轮。

长筒式空气泡沫枪：当水流由水带经过管牙接口进入枪筒后，一部分流经喷嘴，造成负压，而从喷嘴吸入适量空气泡沫液与水初步混合并经锥心扩散后，从喷嘴喷出，大部分水流则经过枪体上的四个斜孔喷入枪座并吸入大量空气,从而形成空气泡沫并由喷口喷出。

有的泡沫枪装有启闭开关,可以扳动启闭柄来开启或关闭射流。有的泡沫枪还装有旁路启闭装置。当旁路开启时,枪体和喷嘴构成空间中的负压被破坏,使液流中断。这种装置的用途是在不采用吸液管吸取泡沫液时,能得到良好的空气泡沫流。

空气泡沫枪可与泡沫消防车配套使用,也可与水罐消防车或其他水泵配套使用。当与泡沫消防车配套使用时,空气泡沫枪的吸液管应卸下,并根据泡沫枪的规格将空气泡沫比例混合器调节阀的指针拨到适当的指数上。如供给一只 50 型泡沫枪,应将指针转到"50"位置上,其他可依此类推。

当与水罐消防车或一般水泵配套使用时,应安好吸液管,将其一端插入泡沫液桶内吸取空气泡沫液,但在火场上,盛装泡沫液的桶要随着泡沫枪的移动而移动,给施救带来很大的不便。当水泵通过水带向泡沫枪供水或供给混合液时,应扳动启闭柄打开启闭开关。泡沫枪进口压力最好在 0.7MPa,否则,水与泡沫液的比例就会有变化,将影响泡沫质量。

4. 空气泡沫炮

空气泡沫炮是产生和喷射空气泡沫的灭火设备。它可用消防水泵供水自吸空气泡沫液,或用消防泵供给泡沫液,产生和喷射空气泡沫,主要用于扑救油类火灾,也可喷射水流扑救一般物质火灾。空气泡沫炮有移动式和固定式两种。

移动式空气泡沫炮是一种轻便、可以根据火势情况随时移动位置喷射泡沫或水的灭火器材。目前生产的 PPY32 型 200 移动式空气泡沫炮,已配备在大型消防车上使用。炮的底座可以翻起两根撑脚并可收在进水座上,吸液管可以拆卸,便于搬移操纵。

固定式空气泡沫炮是固定在泡沫消防车顶部、或拖车上、或消防船及码头等处,喷射空气泡沫或水的灭火器材。目前生产的 PP48 型空气泡沫——水两用炮为定型产品。其结构与移动式相似,但附有辅助机构,可以在一定范围内俯仰、回转、便于操作使用。

5. 小型灭火器材配置设计

油库常用灭火机具:油库灭火机具(又称为灭火器),是一种依靠自身压力使内部填装的灭火剂喷出,并由人力移动,用于扑救油库各种初起火灾的工具。初起火灾由于范围小、火势弱,是火灾扑救的最有利时机。一具质量合格的灭火器,若使用方法正确,扑救及时,则可将一场损失巨大的火灾扑灭在萌芽状态。由于灭火机具结构简单、操作方便、使用效果好、价格适宜，因此在油库各种场合使用较多。

目前，油库常用的灭火机具有清水、酸碱、泡沫、二氧化碳、干粉灭火机等。下面将分别介绍清水、酸碱、泡沫、二氧化碳、干粉灭火器的构造、性能和适用范围。

(1)清水灭火器。清水灭火器由保险帽、提圈、筒体、二氧化碳气体储气瓶和喷嘴等部件组成。清水灭火机的筒体中装的是清洁水，所以称为清水灭火器。

(2)酸碱灭火器。酸碱灭火器由筒体、筒盖、硫酸瓶、喷嘴等组成。平时，灭火器的筒体内装有碳酸氢钠水溶液，硫酸瓶内装有纯度为 $60\% \sim 65\%$ 的硫酸。当灭火器颠倒，硫酸便从硫酸瓶中流出，与筒体内碳酸氢钠水溶液混合发生化学反应产生的压力使水喷出。酸碱灭火器适用于扑救木、棉、麻、毛、线等一般固体物质火灾，但不宜用于油类和忌水、忌酸物质及电气设备的火灾。手提式酸碱灭火器有 7L 和 9L 两种规格。

(3)泡沫灭火器。用喷射泡沫进行灭火的灭火器叫作泡沫灭火器。泡沫灭火器主要用于扑救油品火灾，如汽油、煤油、柴油、植物油、动物油及苯、甲苯等的初起火灾，也可用于扑救固体物质火灾，如木材、棉、麻、纸张等初起火灾，泡沫灭火器不适用于扑救带电设备火灾及气体火灾。

泡沫灭火器有化学泡沫灭火器和空气泡沫灭火器两种。

1)化学泡沫灭火器。化学泡沫灭火器喷射出的泡沫是化学泡沫。化学泡沫与空气泡沫的不同之处在于化学泡沫内所包含的气体为二氧化碳气体，而空气泡沫内所包含的气体为空气。

化学泡沫灭火器又可分为手提式和推车式两种。

第一，手提式化学泡沫灭火器。手提式化学泡沫灭火器由筒体、筒盖、喷嘴及瓶胆等组成。平时，瓶胆内装的是硫酸铝的水溶液，筒体内装的是碳酸氢钠的水溶液。当灭火器颠倒时，两种溶液混合产生化学反应，喷射出泡沫。

第二，推车式化学泡沫灭火器。推车式化学泡沫灭火器由筒体、筒盖、瓶胆、瓶口密封机构、安全阀、喷射系统、车架和车轮等组成。

2)空气泡沫灭火器。空气泡沫灭火器内部充装的是 90% 的水和 10% 的 YEF-6 型氟蛋白泡沫灭火剂。空气泡沫灭火器有储压式和储气瓶式两种结构形式(储气瓶式较少使用)，只有手提式，有 3L、6L 和 9L 三种规格。与化学泡沫灭火器相比，空气泡沫灭火器具有灭火能力强、操作方便、灭火剂使用时间长等特点。其适用范围与化学泡沫灭火器相同。

储压式空气泡沫灭火器由筒体、筒盖、泡沫喷枪、喷射软管、加压氮气、提把、压把等组成。

(4)二氧化碳灭火器。二氧化碳灭火器内充装的是加压液化的二氧化碳,它主要用于扑救甲、乙、丙类液体(如油类)、可燃气体(如煤气)和带电设备的初起火灾。

由于二氧化碳灭火时不污损物件,灭火后不留痕迹,因此二氧化碳灭火器更适于扑救精密仪器和贵重设备的初起火灾。

二氧化碳灭火器有手提式和推车式两种,手提式二氧化碳灭火器的重量一般不超过38kg,使用时由操作者手提;推车式二氧化碳灭火器的重重一般均超过60kg,使用时由操作者推着或拉着移动。

(5)干粉灭火器。干粉灭火器是指充装干粉灭火剂的灭火器。干粉灭火器可分为普通干粉灭火器和多用干粉灭火器。由于普通干粉灭火器和多用干粉灭火器充装的干粉不同,因此它们的用途也不完全相同。

普通干粉灭火器充装的是普通干粉,如碳酸氢钾干粉、碳酸氢钠干粉等,主要用于扑救下列物质火灾:

1)甲、乙、丙类液体如烃类(包括汽油、煤油、柴油等)、醇类、酮类、酯类、苯类及其他有机溶剂类的初起火灾。

2)可燃气体如城市煤气、甲烷、乙烷、丙烷等的初起火灾。

3)电气设备如电闸、发电机、电动机等带电设备的初起火灾。

多用干粉灭火器充装的是多用干粉,如磷酸铵盐干粉、硫酸铵盐干粉等,其适用范围除和普通干粉灭火器相同外,还可用于扑救固体物质如木材、棉、麻、纸张等的火灾。

由于固体物质火灾又称为 A 类火灾,甲、乙、丙类液体火灾又称为 B 类火灾,可燃气体火灾又称为 C 类火灾,所以,普通干粉灭火器又称为 BC 干粉灭火器,多用干粉灭火器又称为 ABC 干粉灭火器。

普通干粉灭火器和多用干粉灭火器主要有手提式干粉灭火器、背负式干粉灭火器、推车式干粉灭火器、干粉灭火棒和干粉灭火弹等五种形式。下面主要介绍普通手提式干粉灭火器和推车式干粉灭火器。

干粉灭火器是利用高压的二氧化碳气体为动力,喷射干粉进行灭火的灭火器具。手提式干粉灭火器根据二氧化碳动力气体配置的形式分为内装式、外置式和储压式三种。

6.灭火器的配置设计

(1)灭火器配置场所的危险等级。工业建筑灭火器配置场所的危险等

级,应根据其生产、使用、储存物品的火灾危险性、可燃物数量、火灾蔓延速度以及扑救难易程度等因素,划分为以下三级:

1)严重危险级——火灾危险性较大、可燃物多,起火后蔓延迅速或容易造成重大火灾的场所,如甲、乙类液体储罐、桶装堆场,闪点<60℃的油品泵房、灌桶间等。

2)中危险级——火灾危险性较小,可燃物较少,起火后蔓延较慢的场所,如修理车间、一般材料库房等。

3)轻危险级——火灾危险性较小,可燃物较少,起火后蔓延较慢的场所,如修理车间、一般材料库等。

(2)火灾的种类和灭火器的适用性

1)火灾种类。根据物质及其燃烧特性,火灾种类划分为以下几类:

A类火灾——含碳固体可燃物,如木材、棉、毛、麻、纸张等烧烧的火灾。

B类火灾——甲、乙、丙类液体,如汽油、煤油、柴油、甲醇等燃烧的火灾。

C类火灾——可燃气体,如煤气、天然气、甲烷、丙烷、乙炔、氢气等燃烧的火灾。

D类火灾——可燃金属,如钾、钠、镁、钛、锆、锂、铝镁合金等燃烧的火灾。

带电火灾——带电物体燃烧的火灾。

2)灭火器适用性

第一,扑救A类火灾应选用水型、泡沫、磷酸铵盐干粉、卤代烷型灭火器。

第二,扑救B类火灾应选用干粉、泡沫、卤代烷、二氧化碳型灭火器,扑救极性溶剂B类火灾不得选用化学泡沫灭火器。

第三,扑救带电火灾应先用卤代烷、二氧化碳、干粉型灭火器。

第四,扑救C类火灾应先用干粉、卤代烷、二氧化碳型灭火器。

第五,扑救A、B、C类火灾和带电火灾应先用磷酸铵盐干粉、卤代烷型灭火器。

第六,扑救D类火灾可使用粉状石墨灭火器和专用灭金属火灾的干粉灭火器或干砂、铸铁末。

3)灭火器的灭火级别。灭火器的灭火级别由数字和字母组成。数字表示灭火级别的大小,字母(A或B)表示灭火级别的单位及适用扑救火灾的种类。

灭火级别表征灭火器的灭火能力,系采用科学试验方法即用灭火器扑救相应的标准火试模型的火来确定。

(3)灭火器的选择。灭火器应按下列因素选择:

1)灭火器配置场所的火灾种类。根据配置场所的性质及其中可燃物的种类,可判断该场所有可能发生哪一类的火灾,然后选择合适的灭火器。如果选择不合适的灭火器扑救火灾,则不仅有可能灭不了火,还可能引起灭火剂对燃烧的逆化学反应,甚至还会发生爆炸。

2)灭火有效程度。虽然有几种类型的灭火器均适用于扑灭同一种类的火灾,但应注意在灭火有效程度上有明显的差别。

3)对保护物品的污损程度。为了保护贵重物资与设备免不必要的污渍损失,则灭火器的选择应考虑其对被保护物品的污损程度。比如,在电子计算机房内,被保护的对象是电子计算机等精密仪表设备,若使用二氧化碳灭火器灭火,则没有任何残迹,对设备没有污损和腐蚀作用。

4)设置点的环境温度。灭火器设置点的环境温度对灭火器的喷射性能和安全性能均有明显影响,若环境温度过低,则灭火器的喷射性能显著降低;若环境温度过高,则灭火器的内压剧增,有爆炸伤人的危险。因此,要求灭火器设置点的环境温度应在灭火器的正确使用温度范围内。

(4)灭火器的设置要求

1)灭火器应设置在明显和便于取用的地点,且不得影响安全疏散。灭火器应设置稳固,其铭牌必须朝外。手提式灭火器宜设置在挂钩、托架上或灭火器箱内,其顶部离地面高度应小于1.50m;底部离地面高度不宜小于0.15m。

2)灭火器应避免设置在潮湿或强腐蚀性的地点,当必须设置时,应有相应的保护措施。设置在室外的灭火器应有保护措施。灭火器不得设置在超出其使用温度范围的地点。

3)灭火器的设置地点不应超出其最大保护距离。保护距离是指灭火器配置场所内任一着火点到最近灭火器设置点的行走距离。保护距离的远近对能否有效地扑灭初起火灾至关重要。因为它关系到人们能否及时取用灭火器,进而是否能够灭火,或是否会使火势失控成灾。设置在可燃物露天堆垛,甲、乙、丙类液体储罐,可燃气体储罐的灭火器配置场所的灭火器,其最大保护距离应按国家现行有关标准、规范的规定执行。

4)确定各单元的灭火器设置点。

5)确定每个设置点灭火器的类型、规格与数量。

6)验算各设置点和各单元实际配置的所有灭火器的灭火级别。

7)确定每具灭火器的设置方式和要求,在设计图上标明其类型、规格、数量与设置位置。

(5)油库各场所灭火器材配置要求。

规范对配置的规定。控制室、电话间、化验室宜选用二氧化碳灭火器;其他场所宜选用干粉或泡沫型灭火器。灭火器材配置应执行现行国家标准的有关规定。

7.消防车及其他设置

当采用水罐消防车进行油罐冷却时,水罐消防车的台数应按油罐最大需要水量进行配备;当采用泡沫消防车进行油罐灭火时,泡沫消防车的台数应按着火油罐最大需要泡沫液量进行配备;设有固定消防系统、油罐总容量等于或大于 $50000m^3$ 的二级石油库中,固定顶罐单罐容量等于或大于 $10000m^3$,浮顶油罐单罐容量等于或大于 $20000m^3$ 时,应配备一辆泡沫消防车或一台泡沫液储量不小于 7000L 的机动泡沫设备;设有固定消防系统的一级石油库中,拱顶罐单罐容量等于或大于 $10000m^3$,浮顶油罐单罐容量等于或大于 $20000m^3$ 时,应配备两辆泡沫消防车或两台泡沫液储量不小于 7000L 的机动泡沫设备。

油库应设消防值班室。一、二、三级石油库的消防值班室应设在消防泵房控制室或消防车库旁,四、五级油库的消防值班室可和油库值班室合并设置。消防值班室内应设专用受警录音电话;消防值班室与油库值班调度、区消防中心之间应设直通电话。库容等于或大于 $50000m^3$ 的石油库的报警信号应在消防值班室显示。库内的储油区、装卸区、辅助生产区的值班室内应设火灾报警电话,储油区、装卸区户外宜设置手动报警设施。单罐容量等于或大于 $50000m^3$ 的浮顶油罐应设火灾自动报警系统。

四、防护装备

(1)避火服。避火服主要用于石油产品、液化石油气等特种火灾进行消防作业。面层采用反辐射热率95%左右的银灰色耐燃织物,中间层为耐燃的特制绝热和防蒸气层,内层为经防火处理的棉绒织物层,起柔软舒适和吸汗作用。避火服一般由头罩、上衣、背带裤(或连衣裤)、长型手套、脚套等组成。

(2)隔热服。隔热服采用铝箔复合阻燃织物(耐高温纤维作底布,外涂铝箔)制成。铝箔反射辐射热效果好,耐辐射热温度为900℃。穿着能接近火焰区,但不能进入火焰区。

(3)呼吸保护器具。呼吸保护器具包括过滤式防毒面具、氧气呼吸器、空气呼吸器。

1)过滤式防毒面具。过滤式防毒面具是一种保护人体呼吸器官不受外界有害烟气损伤的专用工具。其作用是防烟尘和滤毒。戴上面具吸气时环境气体从滤毒罐底部进入,经滤烟、干燥、催化、过滤吸收后,变成无毒干净的空气。过滤式防毒面具结构简单,重量轻,携带方便;外界的一氧化碳浓度不能大于2%;外界含氧量不能低于18%。过滤式防毒面具的缺点是呼吸阻力较大,一种滤毒剂只能过滤一种或几种毒性气体,适用范围小。因此在火场遇到一氧化碳浓度过高,烟雾浓密,严重缺氧或不能准确判断火场中的毒气成分时,其使用的安全性就受到影响。

2)氧气呼吸器。氧气呼吸器,又称隔绝式压缩氧呼吸器。呼吸系统与外界隔绝,仪器与人体呼吸系统形成内部循环,由高压气瓶提供氧气,有气囊存储呼、吸时的气体。佩带人员从肺部呼出的气体,由面罩、三通、呼气软管和呼气阀进入清净罐,经清净罐内的吸收剂吸收了呼出气体中的二氧化碳成分后,其余气体进入气囊;另外,氧气瓶中储存的氧气经高压导管、减压器进入气囊,气体汇合组成含氧气体,当佩带人员吸气时,含氧气体从气囊经吸气阀、吸气软管、面具进入人体肺部,从而完成一个呼吸循环。在这一循环中,由于呼气阀和吸气阀是单向阀,因此气流始终是向一个方面流动。氧气呼吸器气瓶的体积小,重量轻,面罩较为严密;结构复杂,使用、维修保养和检修不方便;部分人员对纯氧或高浓度氧(大于21%)的呼吸适应性差,少数人会感到气闷,甚至个别人还会出现氧中毒等不良反应。

3)空气呼吸器。空气呼吸器是一种自给开放式的呼吸保护器具。根据使用时面罩内压力状况分为负压式和正压式空气呼吸器。负压式呼吸器面罩是在使用过程中吸气时处于负压状况的空气呼吸器。正压式空气呼吸器面罩是在使用过程中无论吸气还是呼气始终处于正压状态的空气呼吸器。其结构主要由高压气瓶、气瓶阀、减压器、中压软导管和快速接头、供给阀、呼气阀、全面罩等组成。

空气呼吸器的使用特点为:①结构简单,气源经济;②视野宽广(大面罩);③呼吸阻力小,空气新,流量充足,呼吸舒畅,多数人均能适应;④操作使用和维护保养简单;⑤安全性能高(正压型、面罩内气压始终高于外界大气压)。

空气呼吸器的佩戴方式为：①将快速接头断开，将背托背在人体背部，按身体调节腰带和肩带，并系紧，以合身、牢靠、舒适为宜；②连接好快速接头，使其全面罩挂在前胸。

第二节　油气集输系统的安全技术与措施

一、油气集输系统的安全线路布置技术及其措施

集输管道的选择应结合沿线城镇、乡村、工矿企业、交通、电力、水利等建设的现状与规划以及沿线地区的地形、地貌、地质、水文、气象、地震等自然条件，并考虑到施工和日后管道管理维护的方便，确定线路合理走向。管道不得通过城市水源地、飞机场、车站、码头。因条件限制无法避开时，应采取必要的保护措施并经国家有关部门批准。管道管理单位应设专人定期对管道进行巡线检查，及时处理天然气管道沿线的异常情况。

埋地管道与地面建（构）筑物的最小间距应符合现行规定。埋地管道与高压输电线平行或交叉敷设时，其安全间距应符合现行规定，因条件限制无法满足要求时，应对管道采取相应的防雷保护措施，且防雷保护措施不应影响管道的阴极保护效果和管道的维修。

根据现场实际情况实施管道水工保护。管道水工保护形式应因地制宜、合理选用，并应定期对管道水工保护设施进行检查，发现问题应及时采取相应措施。

二、油气集输系统的安全防护技术及其措施

（一）防毒防化学伤害安全技术及其措施

1.有毒气体探测系统与通风系统

（1）设置有毒气体探测系统。对有火灾爆炸危险存在的场所安装火灾报警设施，设置可燃气体泄漏报警仪。

（2）设置必要的通风系统。注醇泵房应采用机械通风机，以排出易燃、易爆有害气体，保持室内空气的流通；自然进气采用防风沙过滤风口。甲醇

罐应防腐并保温,以减少甲醇的挥发,注醇泵要采用密封性较好的隔膜泵,装置区设有甲醇泄漏检测仪,操作人员进行操作时应做好劳动安全防护措施。

2.防毒防化学伤害的防护设施

参与泄漏处理的人员应对泄漏品的化学性质和反应特性有充分的了解,要于高处和上风处进行处理,并严禁单独行动,要有监护人,必要时应用水枪掩护。要根据泄漏品的性质和毒物接触形式选择适当的防护用品,加强应急处理和个人安全防护,防止处理过程中发生伤亡、中毒事故。

(1)呼吸系统防护。为了防止有毒、有害物质通过呼吸系统进入人体,要根据不同场所选择不同的防护器具。对于泄漏化学品毒性大、浓度较高且缺氧的情况,可以采用氧气呼吸器、空气呼吸器、送风式长管面具等。对于泄漏环境中氧气浓度不低于 18%,毒物浓度在一定范围内的场合,可以采用防毒面具(如毒物浓度在 2% 以下采用隔离式防毒面具,浓度在 1% 以下采用直接式防毒面具,浓度在 0.1% 以下采用防毒口罩)。在粉尘环境中可采用防尘口罩等。

(2)眼睛防护。为了防止眼睛受到伤害,可以采用化学安全防护眼镜、安全面罩、安全护目镜、安全防护罩等。

(3)身体防护。为了避免皮肤受到损伤,可以采用穿戴面罩式胶布防毒衣、连衣式胶布防毒衣、橡胶工作服、防毒物渗透工作服、透气型防毒服等。

(4)手防护。为了保护手不受损伤,可以采用橡胶手套、乳胶手套、耐酸碱手套、防化学品手套等。如果在生产使用过程中发生泄漏,则要在统一指导下,通过关闭有关阀门、切断与之相连的设备管道、停止作业或改变工艺流程等方法来控制化学品的泄漏。如果是容器发生泄漏,则应根据实际情况,采取措施堵塞和修补裂口,防止进一步泄漏。

另外要防止泄漏物扩散,殃及周围的建筑物、车辆及人群,在万一控制不住泄漏口时,要及时处置泄漏物,严密监视,以防火灾爆炸。要及时将现场的泄漏物进行安全可靠的处置。

(二)防雷防静电保护技术及其措施

静电最为严重的危险是引起爆炸和火灾,因此静电安全防护主要是对爆炸和火灾的防护,而这些措施对于防止静电电击和防止静电影响生产也是有效的。

1. 防雷防静电的要求

(1)在高压线路进出变电所1～1.5km处架设避雷线,在柱上装设避雷器,防止雷电直击导线和柱上电气设备。

(2)变电所、发电站均设独立避雷针,对整个站内主要建(构)筑物、电气设备进行保护,独立避雷针接地系统单独设置,接地电阻不大于10Ω。

(3)集输站场工艺装置内露天布置的塔、容器及可燃气体的钢罐等应设防雷接地,接地线不少于两根,并应对称布置。

(4)集输站场工艺管道在进出装置或设施、爆炸危险场所的边界、过滤器、缓冲器等处均应接地。

(5)应在电缆进出线的进出端将电缆的金属外皮、钢管等与接地装置相连。

(6)站场低压配电柜进线处设电涌保护器,用以保护电气或电子系统免遭雷电或过电压及涌流的危害。

(7)站场设备的防雷、防静电共用一处接地装置,接地电阻不大于4Ω。放空区单独设防雷接地装置一处,接地电阻不大于10Ω。

2. 防静电的保护措施

(1)环境危险程度控制。静电引起爆炸和火灾的条件之一是有爆炸性混合物存在。为了防止静电的危险,可采取更换易燃介质、降低爆炸性混合物的浓度、减少氧化剂含量等控制所在环境爆炸和火灾危险程度的措施。

(2)工艺控制。为了有利于静电的泄漏,可采用导电性工具;为了减轻火花放电和感应带电的危险,可采用电阻值为10^7～10^9Ω的导电性工具。为了防止静电放电,在液体灌装过程中不得进行取样、检测或测温操作。进行上述操作前,应使液体静置一定的时间,使静电得到足够的消散。为了避免液体在容器内喷射和溅射,应将注油管延伸至容器底部;装油前清除罐底的积水和污物,以减少附加静电。

(3)接地。接地的作用主要是消除导体上的静电。金属导体应直接接地。为了防止火花放电,应将可能发生火花放电的间隙跨接连通起来,并予以接地。

(4)增湿。为防止大量带电,相对湿度应在50%以上;为了提高降低静电的效果,相对湿度应提高到65%～70%。增湿的方法不宜用于防止高温环境里的绝缘体上的静电。

(5)抗静电添加剂。抗静电添加剂是化学药剂。在容易产生静电的高绝缘材料中加入抗静电添加剂之后,能降低材料的体积电阻率或表面电阻率以加速静电的泄漏,消除静电的危险。

(6)静电中和器。静电中和器又称静电消除器。静电中和器是能产生电子和离子的装置,由于产生了电子和离子,物料上的静电电荷得到异性电荷的中和,从而消除静电的危险。静电中和器主要用来消除非导体上的静电。

(7)加强静电安全管理。静电安全管理包括制定关联静电安全操作规程、制定静电安全指标、静电安全教育、静电检测管理等内容。

(三)防火防爆安全技术及其措施

1.油气集输系统防火防爆的原则

"油气集输系统是在原油和天然气开发中,进行集油、脱水、存储、初加工等生产的重要系统。"[①]油气集输系统的防火防爆应遵循"安全第一,预防为主"的原则。

遵守规范:油气集输系统必须严格按照国家颁布的相关法律法规进行防火、防爆。其所用的设备、管线、闸阀、电器、建筑材料等,也必须符合国家标准。

安全生产环境要求:"三清、四无、五不漏"。"三清"——场地清洁、工具清洁、设备清洁;"四无"——无杂物、无油污、无明火、无易燃物;"五不漏"——不漏水、不漏电、不漏风、不漏气、不漏油。

2.天然气处理厂的防火防爆技术

火灾和爆炸是对天然气处理厂威胁最大的事故,爆炸事故大体上可分为两类:①物理性爆炸事故,由物质因状态或压力发生突变而形成的爆炸;②化学性爆炸事故,是由物质发生极迅速的化学反应,产生高温、高压而引起的爆炸。天然气处理厂最常见的是可燃性气体和典磺粉尘引起的爆炸。

天然气处理厂的防火防爆安全措施如下:

(1)消除和控制火源,避免造成燃烧或爆炸环境。

(2)对可燃性物质监测或化验分析。

(3)严格执行安全生产管理制度和操作规范。

(4)明确划分防火防爆区域,避免产生电气火花、静电火花、碰击火花。

(5)防爆区内严禁吸烟,严禁带入明火和火种。

(6)消灭可燃性气体和液体的"跑、冒、滴、漏"。

---

① 李强.提高油气集输系统运行效率的措施[J].化学工程与装备,2021(11):89.

（7）设置氮气保护系统。

（8）发生燃烧爆炸事故最多的是点火爆炸、熄火回火爆炸，必须认真采取预防措施。

3. 自动控制系统

油气集输生产管理采用数据采集与监视控制系统，实现对所辖油气田生产井、集输站场、天然气处理厂等的生产运行状况进行集中监视、调度与管理，在井场设置远方数据终端、集输站场设置站控系统或数据采集系统、天然气处理厂设置集散控制系统，完成对井场、站场和处理厂等的工艺参数的采集和处理。

为提高对生产过程安全状况的监视和自动控制水平，应设置完善的紧急停车系统，实行超限报警、紧急截断、超压泄放的三级控制模式。紧急停车系统与过程控制系统独立设置，用于紧急停车系统的变送器、执行机构及控制器具备安全认证；重要的安全联锁回路对变送器的输出采取表决机制，避免安全系统的误判、误动作；安全等级达到 SIL3 级。

集输站场内自控仪表、火炬点火系统等特别重要的负荷均采用不间断电源。不间断电源机柜设在值班室，当外电源断电时，不间断电源放电时间应不小于 30min。

在各工艺站场、装置区及集输管道应设置可燃气体、火焰探测器，在重点区域及场所应设置工业电视监视。火气探测系统采集各可燃气体检测探测器、火焰探测器传来的信号，并建立动态数据库，当有报警信号时，能准确地切换到相应画面，显示出报警部位、报警性质等，具有语音及图像提示功能。

4. 电气设施的防火防爆措施

站场爆炸危险区域内的电气设计及设备选择，应符合现行国家标准相关的规定。

（1）防火防爆的一般措施

1）配电室的室内地坪比室外地坪高 0.6m。

2）电缆沟通入配电室的墙洞处填实密封，防爆区域内的电缆沟应充沙。

3）配电室、值班室设置应急照明。

4）电气设备特别是正常运行时能发生电火花的设备，尽量布置在爆炸危险环境以外，当必须设在危险环境内时，应布置在危险性较小的地方。在爆炸危险环境内应尽量少用携带式电气设备。

5）所有电气设备金属外露可导电部分均应可靠接地。

（2）电气的保护措施

1）根据电动机性能和实际工作需要设置可靠、有效的保护装置：为防止发生短路，可采用各种类型的熔断器作为短路保护；为防止发生过载，可采用热继电器作为过载保护；为防止电动机因漏电而引发事故，可采用良好的接地保护，且接地必须牢固可靠；其他还有负压保护、温度保护等安全保护设施。

2）在有火灾、爆炸危险的场所内，工作零线的绝缘等级应与火线相同，并且二者应在同一护套或管子内。绝缘导线应敷设在钢管内，严禁敷设明线，应采用无延燃性外被层的电缆或无延燃性护套的绝缘导线，导线应在钢管或硬塑料管中明敷或暗敷。

3）线路和电气设备的布置，应避免受机械损伤，并应防尘、防潮、防腐蚀和防日晒。

4）应正确选用信号、保护装置，并合理整定，以保证在线路、设备严重过负荷或发生故障时，准确、及时、可靠地将电流切除或者发出报警信号，以便迅速处理。

5）对于突然停电有可能引起电气火灾和爆炸的场所，应由两路及两路以上的电源供电，两路电源之间应能自动切换。

6）对于有爆炸和火灾危险的场所，其电器设备的金属外壳应可靠接地（或接零），以便在发生碰壳接地短路时能迅速切断电源，防止短路电流长时间通过设备而产生高温、高热。

（3）防止短路的措施。防止短路的措施包括：①按照环境特点安装导线，应考虑潮湿、化学腐蚀、高温场所和额定电压的要求；②导线与导线、墙壁、顶棚、金属构件之间以及固定导线的绝缘子、瓷瓶之间，应有一定的距离；③距地面2m以及穿过楼板和墙壁的导线，均应有绝缘保护的措施，以防损伤；④绝缘导线切忌用铁丝捆扎和铁钉搭挂；⑤定期对绝缘电阻进行测定；⑥线路应由持证电工安装；⑦安装相应的保险器或自动开关。

为了防止或减少配电线路事故的发生，必须按照电气安全技术规程进行设计，安装使用时要严格遵守岗位责任制和安全操作规程，加强维护管理，及时消除隐患，以保障用电安全。

三、油气集输系统的安全疏散方法与要求

对于油气集输单位，应根据本单位的地理环境，事故发生的规模、形式等，制订相应的预案，而且要定期或不定期进行演练，并要做到如果单位或

相关部位调整或变动,如添加工艺设备、根据消防部门的审定变动安全疏散通道等,都要及时修改方案,做到用时忙而不乱。根据单位情况的不同,疏散时应注意以下内容。

(一)油气集输的安全疏散方法

在专业救援队伍没有到达事故现场之前,受害单位首要考虑的是受到毒害性气体或爆炸威胁的人员,一般是在下风和侧风方向,或者在泄漏或爆炸地点的上部和下部。此时应利用广播设备向人们告知现场情况,使他们切实认识到自己所处的危险境地,并按照现场广播的指示,迅速地撤离到安全地带,这是一个很有效的方法。

疏散时要注意以下事项:

(1)使人们了解自己处于事故区域及可能爆炸后所波及的区域,清楚自己所处的危险境地。

(2)在通常的情况下,要根据处于危险区域的人员确定避难场所。人数多时切记不要只制定一个场所,这样不利于人员迅速疏散,而且还会由于疏散时慌不择路,出现混乱、拥挤、践踏情况,造成人员伤亡。

(3)为了便于人员的快速疏散,应使其清楚自己所在位置,避免由于拥挤而减缓疏散的速度和延长疏散的时间。

(4)如果是气体泄漏事故,则禁止疏散处于事故地点较近的机动车辆。因为对于处于气体泄漏地点较近的车辆,泄漏的气体可能已经扩散到停放车辆的位置,甚至已经将车辆包围,如果此时疏散车辆,就可能因发动车辆使排气管产生火花将扩散的气体引爆,酿成灾祸。因此,要绝对禁止气体泄漏地点的车辆离开,并要派出人员严格监管。

(二)油气集输的安全疏散要求

进入毒害区域,要正确选择行进路线,也就是要在毒害区的上风方向进入,并且要选择好防化服、防护的安全器具,前方与后方指挥员要保持通信联络畅通,然后再实施人员疏散行动。

根据油气集输系统生产过程的特点,在进行安全疏散时应主要做好以下方面的工作:

(1)所有参加疏散的人员必须熟悉事故所能产生的危害程度、防范措施、周边环境、地理位置、安全通道、正确的疏散路线。

(2)无论是有毒性气体,还是有燃烧爆炸的危险,参加疏散的人员都必须在有组织的情况下,带好个人防护装备、侦检仪器,统一检查合格后,方可进入事故现场。

(3)即使是穿戴好个人防护装备,也严禁一个人进入事故现场,必须按照现行标准的编组程序执行。如果情况特殊,需要更换编组成员,则要使用后备力量或日常参加过演练的人员担任,绝不允许没有事故现场经验或对事故情况不了解的人员参加疏散工作。

(4)必须保证前方疏散人员与后方指挥员通信联络畅通,如果通信中断,则指挥员要立即组织其他人员进入事故现场寻找通信中断的人员。

(5)如果事故现场有毒性气体,则进入疏散区域的人员必须配有相应的气体检测仪,夜晚还要配有防爆照明灯。所有疏散人员必须全部在上风方向进入事故现场,严防次生事故的发生。

(6)当发生事故后,参加疏散的人员要掌握大部分人员在事故发生时大致可能逃生的路线,同时根据事故现场毒性气体的种类、数量,毒性气体的物理、化学性质及毒害性程度,毒害性气体扩散的方向等进行安全疏散。

(7)所有参加疏散的人员必须做到令行禁止,一切行动听指挥。

第三节　油气管道运行的安全技术与措施

一、油气管道运行的安全特征与因素

(一)油气管道运行的安全特征

"油气管道运输作为油气储运的主要方式,其安全性在油气储运中具有非常重要的意义。"[①]随着经济的快速发展,城市及城镇建设、厂矿及交通设施建设也日益频繁,违章施工、违章建筑损伤管道的事件增多。第三方故意破坏引发的管道泄漏事故呈上升趋势,更给管道运行安全造成严重威胁。

1. 输油管道事故的特征

长距离输油管道具有密闭性好、自动化程度高等特点,其安全性明显优于铁路、公路、水路等运输方式,但由于输送的油品具有易燃、易爆、易挥发

---

① 刘晓天.简析油气管道运输安全设计的方法及其重要性[J].化工管理,2016(6):142.

和易于静电积聚等特性,一旦系统发生事故,泄漏的油气极易起火、爆炸,造成人员伤亡、财产损失及破坏环境等恶性事故。与天然气泄漏不同之处在于:油品大量泄漏还会造成污染水源、土壤污染,对公众健康造成长期的不良影响。输送高黏易凝原油时,如停输时间过长可能会因原油冷凝而导致再启动困难,从而造成凝管事故。凝管事故是输油管道输送过程中必须防范的恶性重大事故,它不但会造成管道停输,而且往往解堵困难。处理凝管事故不仅浪费资源,增加抢险费用,同时管道停输还会影响上、下游的油田、石化企业的生产,造成巨大的经济损失和不良的社会影响。

当输油管道经过人口密集的地区或接近重要设施时,火灾及爆炸事故将造成生命、财产的巨大损失;布置在边远的荒漠、山区的输油管道,一旦发生事故,往往因消防力量不足或水源较远等条件限制,给灭火带来困难。输油管道的站场和油库的罐区集中储存着大量油品,装卸操作频繁,引发火灾的危险因素很多。

因输油管道发生的事故所造成的直接经济损失,以及上游的油气田和下游的工矿企业停工减产的间接损失是巨大的。输油管道事故还可能污染环境,给公共卫生和环境保护带来较长时间的负面影响。在社会日益重视公众安全和环境保护的背景下,油气管道系统的安全受到了更为广泛的关注。

2. 输气管道事故的特征

天然气从气井开采出来,经过矿场集输管道集中到净化厂处理后由长输管道送至城市管道,供给工业或民用的用户。由气井至用户,天然气都在密闭状态输送,形成一个密闭输气系统。长距离管道是连接气田净化处理厂与城市门站之间的干线输气管道,具有输气量大、力高和运距长等特点。

匀输油管道有所不同,天然气管道所经地区自然环境复杂,可能途经高原、山区及河流,地质条件差、落差大,沿途山洪、泥石流、山体滑坡、地震等事故经常发生,很大程度上影响输气管道的安全运行。同时社会环境的影响也是不可忽视的。周围违规建筑的建造,附近民众的不安全行为,都会给管道安全造成极大威胁。另外,因管道腐蚀、管道质量缺陷等原因也会造成管道事故发生。

输气管道事故的发生主要表现如下:

(1)天然气具有易燃易爆等特性,如果管道泄漏,天然气就会散发与空气混合,一旦达到爆炸条件,就会发生爆炸事故。

(2)长输管道由于跨越距离长,管道沿线可能在某些区域消防力量薄弱,一旦发生事故很难及时进行处置。

（3）城市附近的天然气管道一旦发生事故,造成的人员伤亡和经济损失及环境破坏力将是非常大的。

油气输送管道的事故原因主要为:外力损伤、腐蚀、机械损伤、操作失误、自然灾害等。外力损伤中,主要是指由于外部的活动,如工业、道路建设、爆破、开挖、管道施工、维修等活动引起的意外损坏;第三方恶意损坏,如近几年我国发生的偷油者打孔盗油事件。管道内、外腐蚀引起的泄漏事故中,输油管道外腐蚀次数及总泄漏量都占主要位置。腐蚀事故多发生在管子的焊缝、管道穿(跨)越处、锚固及防腐层补口处的管段上,因为这些部位都易于产生管材损伤、应力集中、焊接缺陷及防腐层破损。管材及管件的机械损伤往往是由材料损伤或施工损伤引发,除了管壁变形、凹陷等引起的泄漏外,较多事故发生在阀门、法兰等管件上,站场内的泄漏较多集中在这些部位。自然灾害主要是由于地陷、塌方、泥石流、洪水、雷击等造成的管道损坏。油气管道大量泄漏的主要原因是管子开裂。

（二）油气管道运行的安全因素

采用管道输送是石油及天然气输送方式中最为理想的一种,目前我国已经建成石油、天然气、成品油等长输管道近 6 万 km。这些管道是油气运输的主干线,其安全性一定要引起高度重视。在管道实际运行过程中,影响安全运行的因素主要有以下五个方面,如图 5-3 所示。

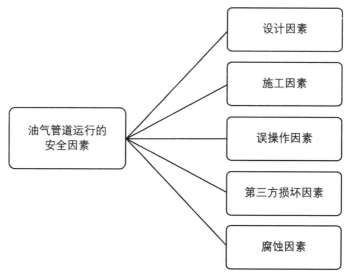

图 5-3　油气管道运行的安全因素

1. 设计因素

(1)强度计算。管道安全系数取值大小直接影响到管道的使用寿命。在长输管道的工艺系统中,有各种材质的符材、法兰、阀门、三通等管道附件,其安全系数是不同的,选择是否正确是极其重要的。

(2)疲劳破坏。疲劳破坏是由于应力重复变化而造成材料性能下降的一种表现形式,是造成事故的主要原因之一。为保证长输管道正常输送介质,经常对介质进行加压或减压,这样就产生了一个压力波动循环,极易造成金属材料的疲劳破坏。此外,由于设计的焊接工艺不合理,特别是在管道弯头连接处或管道应力集中点处极易产生应力裂纹,由于疲劳破损表现为脆性失效,因此可能在没有任何预兆的情况下管道已发生损害。

(3)水击潜在危害。在压力管道中,由于某种原因使介质流动速度突然发生变化,同时引起管道中介质压力急剧上升或下降的现象,称为水击。水击引起的压力升高,可达管道正常工作压力的几十倍至数百倍。另外,水击可能还会造成管内出现负压。压力大幅波动,会导致管道系统强烈振动、产生噪声,造成阀门破坏、管件接头破裂、断开,甚至发生管道炸裂等重大事故。

(4)管道系统水压试验。水压试验是用于检验整个管道系统强度的非常有效的手段,也是目前最常用的一种实验方法,但在实施高于设计压力的水压试验过程中,管道所承受的应力等级大于管道日常运行的操作压力,可能会造成管材性能失效。

(5)土壤移动。在某些特定的情况下,土壤移动可能会对管道造成影响。尽管在管道壁厚确定时,已考虑了土壤移动,但管道本身无法承受位移较大的土壤变形。例如:滑坡的存在增加了重力因素。像山崩、泥石流和塌方则是灾难性的土壤移动,对管道的影响是巨大的。另外,在严寒地区还有冰冻膨胀的土壤移动现象,为避免遭遇冰冻载荷的影响,一般要求管道敷设在冰冻线以下。

2. 施工因素

(1)材料。在施工前,要核实所有材料的可靠性以及是否符合技术要求,防止不符合要求的材料进入施工现场进行安装施工。

(2)检验。检验员要认真履行职责,按工艺要求监督施工,这是保证管道施工质量的重要因素。

(3)连接。管道各种连接方法必须严格按施工图进行,采用焊接方式的管道要进行无损检测,法兰连接要按安装工艺要求进行,各种连接要有检验标准。如果连接质量不好,则直接影响管道的安全运行。

(4)防腐层补口、补伤、检漏。在焊接合格后应及时对管道防腐层进行补口及补伤,完毕后要进行防腐蚀检漏,以上这些工作应在下沟前或回填前完成。防腐层的好坏直接影响管道的安全运行,防腐层破损的地方极易产生腐蚀破坏事故。

(5)回填土。回填方式及其施工过程应确保不要伤及管道的防腐层。下沟前应仔细检查沟底的情况,及时清理沟底的杂物,回填后必须压实回填土。回填土或衬底材料不好是造成管道应力集中的因素之一。

3. 误操作因素

(1)设计。在工程设计中要充分进行论证,尽量避免由于设计人员失误造成的设计不能满足安全运行要求。

(2)运行。从人为失误的角度来看,运行或许是最容易发生失误的阶段,跟其他情况不同,这里可能很少有干预的机会。

1)工艺操作规程。严格执行工艺规程是保证管道安全高效运行的基本保证。

2)通信及数据采集系统。该系统是从一个位置提供管道全线各个方面的信息平台,其运行工况直接影响管道的运行。保障通信及数据采集系统的安全是保证管道安全运行的基础。

3)检查。管道日常运行中的检查项目主要有:①防腐层状况检查;②清管器探测器管内检查;③阴极保护监测;④管道沿线巡查;⑤土壤电阻率监测。

4. 第三方损坏因素

(1)管道埋深的影响。土质覆盖层的主要优点就是保护管道免遭第三方侵害。正常情况下管道埋得越深,管道受到损害的可能性越小,但由于施工条件、地理状况、工程造价等原因往往不能埋得很深,因此,在这样的状况下,管道的安全运行会受到影响。

(2)活动程度的影响。邻近管道地区的生产活动将会对管道运行产生直接影响,尤其管道附近的挖掘工作将大大增加管道损伤的可能性。附近交通运输的车辆,尤其是那些重型卡车、动车及高速行驶的车辆引起的振动,都会对管道安全运行产生较大影响。在某些地区的野生动物也会对管道产生影响。

(3)人为因素的影响。主干管道打孔盗油的现象更是对管道运行安全的极大损害。另外地震灾害、地下爆破,这些剧烈振动对管道的影响也是非常大的。

5.腐蚀因素

(1)大气腐蚀。大气中含有的腐蚀性物质极易腐蚀暴露在大气环境中的设施。所以要尽量采取有效的防腐手段防止金属表面裸露在大气中。

(2)管道内腐蚀。管道内腐蚀主要是输送介质所引起的腐蚀,如硫化氢腐蚀、冲刷腐蚀等。由于输送的石油产品中都含有硫化氢,而硫化氢属强腐蚀性介质,这就要求在输送过程中降低所输产品中硫化氢的浓度。同时可采用在输送介质中添加缓蚀剂和在内壁使用内涂层方法,将腐蚀速率降低,延长管道的使用寿命。

(3)埋地管道的金属腐蚀。这是损害埋地长输管道的主要因素,其原因主要是潮湿的土壤起到电解质的作用,维持着电化学反应环境,导致金属腐蚀的发生。目前管道主要采用阴极保护及采用防腐层进行保护。

二、输油管道运行的安全管理

根据长距离输油管道系统点多,线长、分散、连续和单一的特点,所输送的油品危险性大,泄漏后会污染环境,要保障管道安全运行,搞好安全管理非常重要。

(一)线路维护

管道及附属设施的保护,应当贯彻预防为主的方针,实行专业管理与维护相结合的原则。管道建设企业和管道运营企业除了在设计、运行时严格按有关规范及操作规程、规章制度执行外,对管线的保护工作主要有以下内容:

(1)自然地貌保护。自然地貌保护是对管道地面设施及地面一定范围内的水土状况进行检查维护,使处于一定的埋地深度的管道能保持一定的均压状态和稳定的温度场,从而达到保护管道的目的。为了确保管道安全,在管道两侧应规定一定宽度的防护带。

(2)线路标志、标识。为了便于发现和寻找埋地管道的准确位置,满足维护管理、阴极保护性能测试的需要及防止其他施工对管道的破坏、紧急情况下的事故处理等,在管道沿线设置永久性的地面标志。特别是管线经过居民点,穿越公路、铁路、河流和转弯处或其他特殊位置,应设置明显的警示标志,以引起社会的重视与保护,避免因情况不明造成意外事故。标志的内容应写明位置、用途、注意事项及危险警示等。

（3）一般地段的保护。为了确保管道安全运行和事故情况下抢修的需要，管道两侧应留有一定宽度的防护带。在管道中心线两侧各 55m 范围内，严禁取土、挖塘、修渠、修建养殖水场，排放腐蚀性物质，修建建筑物等。对于河流、丘陵等地带都有相应的规范要求。

（4）穿、跨越管段的保护。长输管道的穿、跨越部分是线路的薄弱环节，应加强保护。热油管道的河流跨越段，管外壁一般都设有防腐保温层。为了防止保温层和防腐层受到破坏，应禁止行人沿管道行走。如果保温层外侧的防护层受到破坏，则保温材料很容易进水受潮。这不仅会降低保温效果，还会腐蚀管道。河流穿越部分的管道需要采用加强级绝缘，以增强管道的防腐能力。对于河流穿越部分，特别要注意管道的埋设和河床的冲刷情况。如果河水流速高，河床冲刷严重，则应在管道外侧使用套管内灌混凝土的方法或用石笼加重，以增加管道的稳定性，防止管道在水流作用下而悬空。

（5）特殊地区的线路保护。在水文、地质情况恶劣地区铺设的管道更需加强维护。我国西北部分地区气候干旱，生态环境十分脆弱。对于这种特殊地区除了设计、施工中采取有效的防护方案外，运行中还要加强检查和维护，特别在汛期更要加大巡线力度。

（二）线路巡查

加强巡线检查工作，做到及时检查，及时加固薄弱环节。一般每 10 千米左右设巡线员 1 名。企业负责人一般每月进行一次查线。企业应组织人员每半年用检漏仪和管道监测车进行防腐层质量和泄漏情况检查。对防腐层质量和管道热应力变形情况，也可以用挖坑的方法进行检查。

（1）巡线检查时发现薄弱环节及隐患，应及时进行维护。

（2）在巡线作业时，应对线路标志、标识进行检查。出现破损或油漆脱落的，应进行必要的维修、维护和重新刷油；线路标志、标识丢失的，应及时在原位置补齐，并分析原因，做好防范工作。有关标志、标识原始信息及维护记录应计入档案保存。

（3）积极配合当地政府向管道沿线群众进行有关管道安全保护的宣传教育。

（三）管道系统设备的安全

各种设备的安全运行与管道系统的安全关系密切。各种设备都有其操作运行规程,必须严格执行。

1. 油罐

在严格按照有关的安全设计、运行管理规范建造油罐和运行操作的基础上,需要注意以下问题:

(1)防止油罐发生"冒顶"事故。油罐的进油高度应控制在安全液位范围内。特殊情况要超出此范围时,应报上级主管部门批准。不应超过油罐允许的极限液位。

(2)防止油罐发生瘪罐、胀裂事故。当罐顶呼吸阀、阻火器等设备由于阻塞或冻结不能自由开闭时,在发油或收油作业时,因罐内压力过低或超高,就可能发生油罐抽瘪变形或油罐胀大、罐底提离等事故。因此,应定期检查、清洗阻火器、呼吸阀,并进行呼吸阀开启压力测试。

(3)防止发生浮顶罐浮顶沉没事故。为防止浮顶因积水过多而造成浮顶沉没事故,应及时排除浮顶积水。

(4)防止因静电、雷击引发油罐火灾爆炸事故。为了防止静电荷聚集,在日常运行中应定期检查油罐的接地装置是否正常,其接地电阻是否符合规定要求。油罐进油时流速不应过高,要待进、出油后静置一定时间才进行取样和计量操作。应经常检查油罐的防雷设施,保证其处于正常状态。

2. 加热炉

(1)严格按照操作规程启动、关闭及运行加热炉。特别在点火前,应充分进行吹扫,排除炉膛内的可燃油气。启动和关闭时要按加热炉设计的升、降温曲线进行,以防止炉衬变形、脱落、损坏炉体。

(2)为防止原油结焦甚至烧穿炉管造成事故,直接加热的加热炉在运行中,要注意炉管中油流的流速,防止过低或出现偏流现象。

(3)运行中按时对炉体、炉体附件和辅助系统进行检查。

(4)定期对加热炉的炉管进行检测和维修。

(5)定期清灰,并注意在清灰过程中所造成的环境污染问题。

(6)加强对备用加热炉的管理。为防止炉管腐蚀,应控制炉膛温度不低于水露点温度,停运的加热炉应关闭全部孔门,并采用几台加热炉轮流间歇运行,不要一台长期停运。

3. 输油泵机组

(1)严格按照操作规程开启、关闭输油泵。

(2)切换输油泵时,应采用先启动后停运的操作方式。启泵前要先降低运行泵的排量。

（3）应保证输油泵机组的监测、报警等保护系统正常运行。及时检测并记录泵机组的主要运行数据。

（4）设备检修后重新投入使用时必须按规定进行验收,合格后才能投运。

（四）输油管道系统的安全运行管理

输油企业必须建立健全各级安全管理机构,建立健全各生产岗位和生产管理机构的安全操作规程和安全生产责任制,并确保贯彻执行。为保证输油管道安全、平稳地运行,在长距离输油管道的安全生产过程中,需注意以下内容。

1. 输油管道的生产调度管理

输油管道的调度是长输管道生产运行的指挥,管理管道运行中的流程切换、调整设定参数、紧急情况处理等。运行中应注意以下内容:

（1）严格执行管道设备的各种操作规程及安全规定。

（2）根据管道实际条件,鉴定与修正管道设备运行参数的临界值,以保证其安全运行。

（3）定期分析管道运行参数,对存在的问题提出相应整改措施。

（4）根据所输油品的基本理化特性,确定经济合理的运行参数、运行方案,以保证管道安全并使输油成本最低。

（5）对设备、工艺的改造需重新进行危险辨识,科学论证并报有关部门批准后实施。

2. 输油管道运行安全管理

在长距离输油管道的安全生产管理过程中,为了防止火灾爆炸事故,在严格执行各项安全生产的规章制度时,在提高员工安全意识方面需注意以下几点:

（1）各岗位、各生产调度系统的工作人员必须经过专门的培训,取得相应岗位作业合格证书方可上岗。

（2）对于进入生产区的外来人员,必须经安全教育培训方可进入生产区。

（3）建立、健全各项安全管理制度、操作规程,并贯彻实施。

（4）泵站站内生产区的检修、施工用火、生活用火等均应填写用火申请票,上报主管单位审批,在符合动火条件下,方可动火。

（5）各输油生产单位都要建立、健全群众性义务消防组织。

（五）输油管道的清管作业

投入正常运行的输油管道需要定期进行清管作业，以保证其安全经济运行。输油管道的清管作业不仅是清除遗留在管内的机械杂质等堆积物，还要清除管内壁上的石蜡、油砂等凝集物以及盐类的沉积物等。

1. 清管作业的内容

（1）准备工作。根据运行参数分析，计算管道的当量直径、结蜡量，确定清管周期，优化清管方案。

（2）选择清管器，确定清管器的类型。

（3）清管前对系统的检查，包括清管器的收发系统、排污系统等。

（4）执行清管作业流程，包括操作流程、清管器跟踪、污物处理等。

（5）根据清管作业管理规程，操作人员和抢修人员在指定位置待命，准备执行应急抢修预案。

2. 清管作业的安全

清管作业时应结合清管方案认真做好准备工作，并按照操作规程实施清管作业。

（1）首次清管作业时清管器应携带跟踪系统。

（2）清管作业前截断阀门应处于全开状态。

（3）清管作业中要保持运行参数稳定，及时分析清管器运行的情况。

（4）若清管器在中途卡阻，则应及时判定片阻位置及原因。

（5）若管道有支线，则应在预计清管器通过分支接点前后的一段时间内安排支线暂时停止作业。这可防止清管器扫下的蜡等污物进入支线，从而影响支线的正常运行。

三、油气管道运输的安全技术应用

（一）油气管道的腐蚀检测技术

对油气管道危险因素应用的各种检测技术和监控技术可以使我们预先发现事故征兆，据此发出预警并采取防范措施，从而保证油气管道运行安全。

1. 内腐蚀检测技术

管道发生腐蚀后，主要表现为管壁变薄，管壁出现蚀损斑、腐蚀点坑、应力腐蚀裂纹等。管道内腐蚀检测技术主要是针对管壁的变化情况进行测量和分析,得出被腐蚀管道的相关数据。目前常用的检测技术主要包括:

(1)涡流检测技术。涡流检测是以电磁场理论为基础的电磁无损探伤方法,其基本原理是利用通有交流电的线圈(励磁线圈)产生交变的磁场,使被测金属管道表面产生涡流,而该涡流又会产生感应磁场作用于线圈,从而改变线圈的电参数,只要被测管道表面存在缺陷,就会使涡流环发生畸变,通过感受涡流变化的传感器(检测线圈),测定出被测管道的表面缺陷和腐蚀情况。

根据涡流的基本特性可以看出,涡流检测适宜于管道表面缺陷的探伤,因此检测管道表面缺陷的灵敏度高于细磁法。目前,正在发展中的基于涡流检测理论的新技术主要包括阻抗平面显示技术、多频涡流检测技术、远场涡流技术和深层涡流技术。

(2)漏磁检测技术。漏磁检测技术因其可以检测出管壁微小的缺陷,应用较简单,数据可靠,可兼用于油、气管道等特点,应用广泛。其原理为钢管是铁磁性材料,在外加磁场作用下被磁化。材料无缺陷时,磁力线绝大部分会通过磁性材料且分布均匀;若材料表面或靠近表面存在凹凸、裂纹等缺陷,则由于缺陷中导磁率较小,使通过该区域的磁力线弯曲,部分磁力线泄漏出材料表面,在缺陷部分形成泄漏磁场。用磁敏感元件对缺陷的泄漏磁场进行检测,将漏磁信号转换为电信号,经过记录、放大、A/D转换、储存、整理、分析,就可以得到缺陷的位置、大小等信息。

一套完整的漏磁检测系统由检测器(管道中运行的智能检测器)、调试分析系统(地面上的室外、室内部分)组成。外壁漏磁检测器发送前需要进行标准化调试,运行中检测到的数据需要处理分析,这些由地面上的调试分析系统完成。

(3)超声波检测技术。超声波检测技术主要是利用超声波的脉冲反射原理来测量管壁厚度。探头发射的超声波脉冲到达管壁后,反射回来由探头接收,根据接收时间间隔来检测管壁形状及厚度变化。这种方法的检测原理简单,能够检测到各种裂纹和管材夹杂等缺陷,能够对厚壁管道进行精确测量,并判别是管内壁还是外壁的缺陷。

超声波检测器主要由密封圈、里程轮、探头、超声仪器系统、数据处理记录系统、电源等组成,其中超声仪、数据记录仪、电源部分都装在密封舱内,以防与油气接触。

(4)射线检测技术。射线检测技术即射线照相术。它可以用来检测管道局部腐蚀,借助于标准的图像特性显示仪可以测量壁厚。该技术几乎可以适用于所有管道材料,对检测物体形状及表面粗糙度无严格要求,而且对管道焊缝中的气孔、夹渣和疏松等体积型缺陷的检测灵敏度较高,对平面缺陷的检测灵敏度较低。

射线检测技术的优点是可得到永久性记录,结果比较直观,检测技术简单,辐照范围广,检测时不需要去掉管道上的保温层;通常需要把射线源放在受检管道的一侧,照相底片或荧光屏放置在另一侧,故难以用于在线检测。为防止人员受到辐射,射线检测时检测人员必须有严格的防护措施。射线测厚仪可以在线检测管道的壁厚,随时了解管道关键部位的腐蚀情况,该仪器对于保护管道安全运行是非常实用的。

(5)基于光学原理的无损检测技术。基于光学原理的无损检测技术在对管道内表面腐蚀、斑点、裂纹等进行快速定位与测量的过程中,具有较高的检测精度且易于实现自动化。相比其他检测方法,该方法在实际应用中有很大的优势。目前,在管道内检测中较为普遍的光学检测技术包括CCTV摄像技术、工业内窥镜检测技术和激光反射测量技术。

由于内检测环境等因素的影响,目前所有的内检测对于缺陷的探测、描绘、定位及确定大小的可靠性仍不稳定、不精确,检测设备还需要进一步改进。

目前,在油气管道内检测上应用最多的是漏磁式与超声波检测器,两种检测器的原理不同,因而在检测对象、检测范围、检测结果及适用性上各有特点。在两种检测方法中,漏磁法操作较简单,对检测环境要求不高,检测费用低于超声波法。它可以检测出管壁各种缺陷,对检测金属损失把握较大,但对于很浅、长且窄的细小裂纹就难以检测到。它的检测精度受到各种因素影响,壁厚越大,精度越低,使用范围一般在壁厚12mm以下。

超声波检测则不同,它适于裂纹检测,且精度和可信度高,缺点是用于输气管时需要耦合剂,使其检测运行费用增加。检测结果的准确性及稳定可靠性除了与检测器的分辨率、仪器的机械、电子、计算机技术水平高低有关外,还与管道的运行工况有关,如管道中流动不稳定、检测器的运行速度过快或运动受阻等都会影响测量结果。

2.外防腐层检测技术

埋地管道防腐层防腐效果与诸多因素有关,如老化、发脆、剥离、脱落,最终会导致管道腐蚀穿孔,引起泄漏。防腐层防腐功能变差也会影响阴极保护效果。因此,对地下管道防腐层状况定期评估,并有计划地对管道进行维护是预防因防腐层变质而引发管道腐蚀的重要手段。

目前,常用的管道外腐蚀检测技术有两类:①交流技术,主要包括电压梯度法、电磁电流衰减法;②直流技术,主要包括密间隔电位法和直流电位梯度法。

(1)电压梯度法。电压梯度法的基本原理为:当一个交流信号加在金属管道上时,在防腐层破损点便会有电流泄漏入土壤中,这样在管道破损裸露点和土壤之间就会形成电压差,且在接近破损点的部位电压差最大,用仪器在埋设管道的地面上检测到这种电位异常,即可发现管道防腐层破损点。

(2)电磁电流衰减法。电磁电流衰减法是一项检测埋地管道防腐层漏电状况的新技术,是以管中电流梯度测试法为基础的改进型防腐层检测方法。其基本原理是在管道上施加一个直流的电流信号,用接收机沿管道走向每隔一定的距离测量一次管道电流的大小,当防腐层存在缺陷时电流就会加速衰减,通过分析管道电流的衰减率变化可确定防腐层的缺陷和漏电状况,从而评价防腐层的优劣。

(3)密间隔电位法检测。密间隔电位法检测是沿管道以间隔1～1.5m采集数据,绘制连续的开/关管地电位曲线图,反映管道全线阴极保护电位情况,当防腐层某处存在缺陷时,该处电流密度增大,使保护电位正向偏移。

(4)直流电位梯度法。直流电位梯度法是在有阴极保护管线的上方,通过测量地面上的电位梯度与土壤中的电流方向来确定缺陷的位置,与CIPS法相结合评价缺陷的类级。测量方法是在阴极保护站的阴极上串接一个中断器,使CP电流以一定的时间周期进行开/关,开/关时间通过GPS同步技术校正,确保与接收机同步。接收机也带有GPS同步系统,测量时一个电极探头在管线正上方,另一个探头在管道的一侧,两探头相隔1m左右,沿管线的走向每间隔1m测量一组数据,根据测量结果可准确判定缺陷位置和级别。

(二)输油管道的泄漏监测

输油管道的泄漏监测,如图5-4所示。

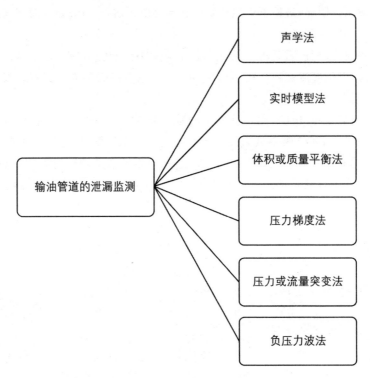

图 5-4 输油管道的泄漏监测

1. 声学法

声学法是一种利用声音传感器检测沿管道传播的泄漏点噪声进行泄漏检测和定位的方法。当管道内介质有泄漏时，由于管道内外存在压差，使得泄漏的流体在通过泄漏点到达管道外部时形成涡流，这个涡流就产生了振荡变化的压力或声波。这个声波可以传播扩散返回泄漏点并在管道内建立声场，其产生的声波具有很宽的频谱，分布在 6～80kHz。该方法是将泄漏产生的噪声作为信号源，由传感器接收这一信号，以确定泄漏位置和泄漏程度。

随着光纤传感技术的发展，已开始采用连续型光纤传感器进行泄漏噪声检测。使用光纤传感器替代大量的离散型传感器，不仅降低了检测成本，还提高了检测能力。

2. 实时模型法

实时模型法是一种应用实时诊断系统与管道的数据采集与监视控制系统相结合进行动态泄漏检测的方法，这种方法的关键是建立准确的管道实时模型。定时取管道的一组实测参数作为边界条件,由实时模型计算管道中流体的压力、流量数值,然后将这些计算值与实测值进行比较,当计算结果的偏差超过给定值时,即发出泄漏警报。

3.体积或质量平衡法

基于质量守恒原理,一条没有泄漏的管道,当液体处于稳定流动下,流入与流出的质量流量是相等的。实时检测管道出口与入口流量,有一定的差值则表明管段内可能发生泄漏。由于所测流量与流体的各种性质(如温度、压力、密度、黏度)有关,从而使情况变得复杂,在实际应用中需要进行修正。由于管道瞬态工况会影响流量变化及准确测量,因此通常采用累计平均值来判断,这使检测时间增长并降低了检测精度。故采用质量平衡法检漏时,常需配合使用其他方法。

4.压力梯度法

当管道正常输送时,管道的压力坡降呈直线。发生泄漏时,泄漏点前的流量变大、坡降变陡,泄漏点后的流量变小,坡降变平,沿管道的压力坡降呈折线状,折点即为泄漏点,进而可确定泄漏位置。

该方法只要在管道两端安装压力传感器,就可以检测出泄漏程度和泄漏点位置,简单、直观、易行,但管道在实际运行中,沿线压力梯度呈非直线分布,因此该方法定位精度较差,并且仪表测量对定位结果影响较大,可作为一种辅助手段与其他方法一起使用。

针对压力梯度定位精度差的问题,可通过建立反映管道沿程热力变化的热力和水力综合模型,求取更能反映实际情况的非线性压力梯度分布规律,以进行泄漏定位。

5.压力或流量突变法

管道工作正常时,管道出入口的流量、压力变化在一定的范围内。当管道发生泄漏时,出入口的管道瞬时流量、压力将发生变化,如果测得流量、压力变化比原来设定的大,则认为是管道泄漏引起的。

该方法使用简单,适用于稳定流的非压缩性液体,但无法估计泄漏点的准确位置,同时检测精度也不高。

6.负压力波法

负压力波法是一种基于信号处理的检测方法,不需要建立管道的过程数学模型,利用信号模型,采用相关函数、频谱分析等方法,直接可分析可测信号,提取诸如方差、幅值、频率等模型特征,从而检测泄漏故障。

输气管道常见泄漏监测方法主要有质量体积平衡法、应用统计法、瞬态模型法、分布式光纤法及声波法,目前应用最广的为声波法。其检测和定位的原理是物体间的相互碰撞均会产生振动,发出声音,形成声波。管道发生破裂时产生的音波沿着管道内流体向管道上下游高速传播,安装在管段两端的音波传感器监听并将捕捉到的音波波形,与计算机数据库中的模型比较,确定管道是否发生了泄漏及泄漏量等数值,同时根据管道在两端捕捉到的泄漏信号的时间差计算得到泄漏位置。

第四节　油气仓库储油的安全技术与措施

一、油库生产运行的安全管理

油库生产运行的安全管理,主要是制定严格的措施,防止发生火灾及消除导致火灾的潜在危险。为此,需要在管理、操作、检查、维修等各方面杜绝不安全因素,预防油库火灾以及工艺设备、管线、油罐的"跑、冒、滴、漏"和操作错误,维修不当引起的火灾和其他事故。

(1)安全管理。油库安全管理包括制定安全生产管理规定,明确组织领导、岗位安全职责、安全检查和安全教育,生产运行中的安全重点是预防火灾发生。油库的安全管理上要求做到分工明确:油库内必须保持清洁,特别是可能有油气设备的地方,不应有油污和其他易燃物,生产过程中所用的可燃废物、油棉纱等必须清除干净;油罐区的防火堤应保持坚实、完整、无洞穴,如因生产需要把防火堤挖开,则应及时修复。油库道路包括消防道路,不得堆积任何阻碍车辆通行的物料,所挖土坑或管沟应及时填平;严格库内工业用火管理。

(2)安全操作。为了防止油库生产运行中在操作上导致事故灾害,应落实以下安全操作措施:防止发生误操作的措施;防止发生管线憋压的措施;防止发生胀罐、瘪罐、冒顶的措施;防止发生浮顶沉没的措施:防止发生静电和雷击事故的措施;防止发生机电设备损坏事故的措施。

(3)安全检查。要定期进行安全检查,确保安全生产,检查的重点应放在生产设备和防火安全两个方面。防火安全检查的重点,除用火管理、预防静电火花外,主要是防雷设施和消防设施。

油罐的防雷装置使用的是目前常见的避雷装置,有避雷针、避雷网、避雷带、避雷线等。油库的消防设施一般包括消防给水和空气泡沫灭火系统。消防给水包括消防给水管道、消火栓、消防泵站、消防水池等设施。空气泡沫灭火系统包括消防泡沫泵房、泡沫液罐、泡沫供给管线、泡沫产生器等设施。消防设施的设计和安装应符合有关规范的要求。

(4)维修管理。油库的输油泵、管道、储油设施和仪表等,在使用一定时期后,由于腐蚀损坏必须进行检修以确保安全运行。因此,要按维修制度坚持定期维修,以免造成事故。

油库储存着大量易燃油品,空气中常飘散着可燃油气。维修时要特别警惕,注意安全,防止油品滴漏,杜绝一切火源。能停产处理的,一律停产泄压处理;不能停产、泄不了压的,要有切实的安全措施,并经领导批准。需使用电气焊和其他明火作业时,应按工业动火规定的审批权限进行严格审批。

(5)油气监测。油库内飘散的油气是油库的一个潜在的危险源,它主要来自储油罐的大小呼吸及流程设备的"跑、冒、滴、漏"。

实际探测表明,油蒸气在一个特定位置上的浓度及蒸气飘移的距离,与下述条件有关:单位时间内排出的蒸气量;蒸气排出的速度;蒸气的密度;风速和风向等。在监测油气可燃浓度时,应根据油气扩散的特点设置检漏点。

二、油库设备的安全管理

油库设备是保证油库能安全、及时、准确地储存和收发油料的重要技术装备,是保证油料供应的重要物质技术基础。油库设备技术性能的好坏,不仅直接关系到油库管理的效益,还影响油库的安全。对油库设备的管理应贯彻"安全第一,预防为主,综合治理"的方针,及时发现和消除油库设备存在的不安全因素,使油库设备经常处于良好的技术状态。

(一)油库储油设备的安全管理

1.储油罐的类型

储油罐按建筑材料可分为金属油罐和非金属油罐两大类;按安装位置可分为地上、半地下(地下)和洞库油罐三大类;按结构形状可分为立式油罐、卧式油罐和特殊形状油罐三类。

2.油罐操作中的安全注意事项

(1)新建或大修的油罐,在使用前应进行油罐检定,并编制出油罐的容积表。

(2)决定进油后应再一次检查油罐所有附件是否完备、连接是否紧固、阀门的开闭位置是否正确。

(3)检查完毕后开始进油,进油速率应在呼吸阀的允许范围之内。

(4)油罐进油时应加强巡逻检查,注意焊缝或罐底有无渗漏现象,并定时检尺,当油面接近安全油高时,要严加监视,防止冒顶跑油事故。

(5)根据油罐的规定结构和工艺条件,应明确规定各油罐的最大装油高度(安全高度)和最低存油高度。进油时,应严格控制油面在最大装油高度之内;抽油时,不得低于最低存油高度,浮顶罐须使浮盘保持漂浮状态。

(6)打开量油孔时,操作人员应站在上风,保证吸到新鲜空气。量油时,尺要沿着量油孔内的铝制(或铜)导向槽下尺,以免钢卷尺和孔壁摩擦发生火花。检尺后,应将量油孔的盖板盖严,并注意盖内的垫圈是否完好。

(7)油罐加热时,应先打开冷凝水阀门,然后逐渐打开进气阀,以防止水力冲击损坏加热管的焊口,垫片或管子附件。

(8)油罐加热必须在液面高出加热器50cm以上才可进行,加热温度应比油品的闪点低15℃,正常储油时的加热温度以油品不冻凝为原则,以减少油品的蒸发损失。非金属油罐的加热温度一般不得超过50℃。

(9)重油罐进行脱水作业时,油温加热到80℃为好,开阀时有小开—大开—小开的原则,操作人员要严守岗位,以免发生跑油事故。

(10)油罐加热时,应定时测温并检查冷凝回水,发现回水有油时应及时查找原因。

(11)油罐应定期清除罐底积物,清理时间可根据油罐沉积程度和质量要求而定,一般两年左右清洗一次。

(12)清罐时要有充分的安全措施,并办理进罐作业票,不准单独一人进入罐内,进罐人员身上应栓有结实的救生信号绳,绳末端留在罐外,罐外入孔附近要经常有监护人,以备随时救护罐内人员。

(13)清洗罐时,当排出底油后,一般采用通入蒸汽或热水驱除罐内油气的方式,同时打开入孔及透光孔进行通风,只有当罐内瓦斯浓度低于爆炸下限并且油品蒸汽低于最大允许浓度时,方可进罐操作,以防瓦斯爆炸或中毒。

(14)油罐清洗后应该详细检查罐体及各个附件状况,特别是下部入孔是否封闭紧固、脱水阀是否关闭,确认无误后方可进油。

(15)定期检查呼吸阀动作是否灵敏,特别在冬季更要注意呼吸阀的阀盘及安全阀底部的积水不要冻凝,以防进、出油操作时压力超过允许范围而鼓开灌顶或抽瘪罐,对呼吸阀和安全阀下面的防火器也要定时检查,以免堵塞。

(16)罐区内不准穿化纤服装和钉子鞋上罐,不准在罐顶撞击铁器,也不准在罐顶开关手电筒。

(17)浮顶油罐在使用前应注意检查以下事项:浮梯是否在轨道上,导向炮架有无卡阻,密封装置是否好用,顶部入孔是否密封,透气阀有无堵塞等。

(18)内浮顶油罐首次进油(或清罐后首次进油)、检尺及采样要在空罐进油 12 小时后进行。

(19)检尺或采样时,操作人员应站在上风侧,不准在罐顶撞击铁器和开、关手电筒。

(20)发现油罐的管子或阀门冻结时,禁止用明火烘烤,可用蒸汽或热水解冻。

3.油罐及其附属设施的危险因素与安全处理

(1)储油罐的危险因素与安全处理

第一,储罐破裂。储罐破裂是油库最严重的安全事故之一。储罐储油后,下部罐壁受到较大压力,大型储罐在第一道环焊缝附近环向应力最大,因此储罐破裂事故多发生在罐壁下部。若高液位下罐体发生突发性开裂,可能会造成全部油品外泄,将防火堤冲毁。若失控的漫流油品遇火源被点燃后,则将形成大面积的油库流火。引起储罐破裂的原因主要有:①储罐基础选址或处理不当;②储罐板材质量差或焊缝质量差,使用前和完工后未做全面质量检查,储油后在外界条件(如寒冷和高温等)影响下,罐体破裂;③地震、滑坡或飓风可能对储罐造成毁坏,使储罐破裂。

防止油罐破裂要从设计、操作、维修三个方面着手。首先,在设计上,应规定油罐的工作压力,确定油罐的通气孔和呼吸阀的工作能力是很重要的。其次,在操作上,应按照操作规程操作,要对操作人员培训,使其了解储罐能承受多大的压力。最后,应精心维护,保持通气孔、呼吸阀及其他检测仪表完好。

第二,储罐腐蚀与渗漏。储罐渗漏主要是由储罐内外腐蚀,特别是罐底板的腐蚀造成的。腐蚀、渗漏是储罐多年运行后最常发生的问题。

储罐渗漏多发生在储罐底部,渗漏初期由于渗漏量小,往往不易发现,渗漏的油品进入地下后污染环境,也可能发生聚集导致火灾事故。储罐腐蚀主要是由电化学腐蚀和氧化腐蚀造成的。油罐渗漏时的常见现象有:没有收发油作业时,坑道、走道、罐室和操作间油气味道很浓;罐内油面高度有不正常下降;罐身底部漏气时,油罐压力计读数较同种油罐低,严重时有漏气声;罐身上部渗漏处往往黏结较多的尘土,罐体储油高度以下渗漏会出现黑色斑点或有油附着罐壁向下方扩散的痕迹,甚至冒出油珠;罐身下部沥青砂有稀释的痕迹,地面排水沟有不正常的油迹,埋地罐的这种现象在雨天更明显。

当储罐中的油品含水率高、含盐高、温度高或含氧量、含硫量高时,有利于电化学腐蚀的发生。在罐内壁上涂刷防腐涂料既可阻止罐壁微电池的形成,也可降低罐壁与油品中的盐分、水和氧的接触,起到对罐壁的保护作用。利用牺牲阳极保护技术或外加电流阴极保护技术可有效弥补涂层缺陷引起的腐蚀,并能更有效地防止储罐的电化学腐蚀,使储罐的使用寿命大大延长。在罐外壁上涂刷防锈涂层可起到将罐壁与空气隔离的作用,从而防止罐壁氧化。

第三,储罐边缘板缝隙渗漏。储罐罐底边缘板与罐基础间通常存在缝隙,很大一部分储罐底部腐蚀穿孔就是由于水汽或雨水从边缘板缝隙中进入罐底而引起的。通过对边缘板和圈梁之间的缝隙进行防水密封可有效防止此类渗漏。

经常出现在罐体下圈板平焊缝的焊接接头和罐底弓形边缘板上的裂纹,以及通常发生在油罐上部圈体和罐底的砂眼,绝大多数是由于钢板和焊缝受腐蚀形成的。新建油罐的砂眼可能由于钢板未经严格检查、焊接时用潮湿焊条或焊接技术不高,以致焊缝里产生气泡而形成,这些都是油罐渗漏的主要原因。另外,腐蚀对油罐的破坏作用较大,尤其是处于洞库或埋地的油罐,由于其环境潮湿,更容易由于腐蚀造成油罐的穿孔漏油。因此,应正确选择油罐钢材型号,保证油罐焊接质量,减少油罐内应力,防止油罐变形,防止油罐基础不均匀下沉。还应加强对钢板质量的检查,加强焊接施工质量管理,在油罐使用中做好防腐工作,如在油罐内外壁表面涂刷防腐涂料,采用牺牲阳极保护法,在油罐中投入少量的缓蚀剂可以防止或减轻油罐内壁的腐蚀,做好洞库防潮工作。

第四,油罐吸瘪事故。油罐内部的正负压力的调节是由呼吸阀进行的,若由于设计或使用方面的问题,造成油罐的呼吸不畅,则在油罐验收、发油或气温骤降时就会发生油罐吸瘪。吸瘪的部位多发生在油罐的顶部,轻则引起油罐变形,重则引起油罐严重凹瘪,不能继续使用,影响油库的正常工作,而且修复油罐也是比较麻烦的。因此,在油罐的日常管理上,应严格遵守操作规程,防止事故的发生。

为防止油罐吸瘪事故发生,常采用以下预防措施:设计上,油罐呼吸阀的呼吸量应与油罐进出油流量相匹配;油罐每年至少清洗一次,每月至少校查一次,在气温较低时每周至少校查一次,遇到气温骤降、台风等特殊情况应随时检查、清理和吹扫呼吸阀、阻火器或呼吸管路,以防其堵塞;如果已经发生油罐吸瘪的情况,则要冷静正确地处理,要做到慢慢打开检尺口,关闭出(入)口阀门,停止收发油作业。对于洞库油罐,应立即停止收发油作业,查找原因,如果是呼吸阀失灵或堵塞,则可以慢慢打开放水阀,放入空气,平衡罐内压力;如果是呼吸管道积油或积水造成了堵塞,则应慢慢排除呼吸管内的油料或水,逐渐使罐内外压力达到平衡。

第五,油罐泄漏事故。油罐发生泄漏应尽快采取措施,停止和减缓泄漏,同时做好防火、防爆事故预防,不让泄漏加剧、扩大和发生火灾及污染,造成更大灾害。其措施一般为:发现泄漏的人员应立即向值班调度员报告,值班人员和站库领导应立即到现场对油气区采取警戒和切断一切可能引火的火源;消防队应迅速赶到漏油现场的安全地点,随时做好扑救可能引起的火灾;立即组织人员启动输油泵将漏油罐内的原油全部转到其他油罐中去;采取防毒保护措施,清查漏油部位,制定抢修安全措施;临时安装收油设备,将防火堤内和流窜的原油回收干净;彻底铲除地面油泥,并覆土平整,消除可能存在的隐患。

第六,内浮顶油罐浮盘沉没事故。内浮顶油罐由于浮盘变形、浮盘立柱松落失去支撑作用、液泛、浮盘密封圈损坏并撕裂翻转、中央排水管升降不灵活、浮盘和船舱腐蚀、操作管理不当、责任心不够、维护不及时等都会造成浮盘沉没。

针对内浮顶油罐浮盘沉没事故,在设计方面应做到:改进浮舱与单盘的连接形式,增加其连接强度,提高其抗疲劳破坏的能力;采取有效措施,增加单盘的刚度,防止或减轻单盘的变形;增加浮顶导向管,避免浮顶运行时产生偏移、卡阻现象,确保浮顶上下自由运行;对炼油厂油库,降低进油温度,增设油料稳定和脱气设施,保证进油蒸气在80kPa以下。

在日常管理方面,应做到:制定浮顶油罐的操作、维护、保养和修理规程,严格按规程管理运行;浮顶油罐实际储存油品高度严禁超过油罐的安全储油高度;油罐浮顶不得有积水、积油等,发现积油(水)应及时排除;空罐进油时,管内的流速应不大于 1.5m/s,当油液位超过油罐进油口后可加大流速,但流速不得大于 4m/s。

第七，油罐溢油事故。产生油罐溢油事故的主要原因是计量失误或油泵工作（输转）时间过长，油罐内油品超过安全储量，油品从泡沫发生器、呼吸阀等处溢出，内浮顶油罐可从罐壁通气孔溢出。当浮顶进入上止点后，油泵继续输转将导致沉顶事故。

防止溢油事故的发生，重要的是加强操作人员的工作责任心教育。一旦发现溢油事故，应立即停止油泵输转作业，检查油罐区水封井、阀门是否可靠关闭，事故现场不得进行任何产生火花的操作。

（2）储罐附件的危险因素与安全处理

第一，加热盘管穿孔渗漏。在储存高凝油品的储罐中，通常配有一组或多组加热盘管，以压力为 0.2～0.6MPa 的蒸汽对油品加热，以防止油品在冬季凝罐。加热盘管由钢管焊接而成，多以与罐底呈一定倾角的方式安装在罐底部，但加热盘管常因穿孔而发生泄漏，影响储罐的正常使用。国内油库因加热器（加热盘管）穿孔而导致的事故屡见不鲜，有的加热器使用 1 年后便出现穿孔泄漏，3～4 年后便达到穿孔失效高峰期，使加热器的维修周期远远短于油罐的大修期。

加热盘管失效主要是由盘管坑状腐蚀和管内汽、水的冲刷磨损造成的，具体可分为管壁的电化学腐蚀穿孔、弯头处的磨损腐蚀穿孔、疲劳裂纹等。

防止加热器失效的主要措施有：增加管壁厚度，确保焊接时的质量，采取减少水击和磨损腐蚀的措施（如增大弯头半径、增加防冲挡板等），减小盘管支架间距，增加吹扫管线（停用时将盘管内的残液和残渣吹出）等。

第二，搅拌器密封件渗漏。搅拌器起着使储罐内的液体均匀混合或在盘管加热过程中使热量均匀分散的作用。

侧壁叶轮搅拌器是目前广泛使用的一类搅拌器，它通过罐壁下部的开孔插入储罐内，传动轴通过入口接管固定在罐壁上，并采用补偿式机械密封连接，既能保证密封，又能在不拆卸整机的情况下更换机械密封及轴承等易损件。这类搅拌器可能出现的问题主要有：①搅拌器旋转时，轴可能会出现偏摆，导致机械密封性降低，使密封件或轴承损坏引起漏油；②动机构底座与储罐基础的不一致下沉和会对罐壁强度的影响。

旋转喷射循环搅拌系统主要由轴流涡轮、喷嘴及变速装置等组成，由泵加压输出的油品供给到系统的轴流涡轮驱使其旋转，这种旋转力随同压力送出的原油传送到喷嘴，喷嘴靠喷射的反作用力自动水平旋转，喷出的油同时推动罐内油品的旋转对流，起到搅拌作用。由于旋转喷射循环搅拌系统永久性地装在储罐内，自身无动力装置，因此具有耐用和不需要经常维护的特点,但造价较高。

第三,切水/污水排放装置跑油。储油罐通常设有切水排放口或污水排放口,用于排放油品静止存放过程中脱出的污水。油罐切水的排放有两种控制方式:①利用通过安装在排放口上的阀门手动排放;②通过安装在排放口上的自动排放装置实现自动排放。

由于手工切水操作的间断性和切水中轻油组分的易挥发性,工艺上很难控制其切水完全,还会由于操作不当造成跑油事故。切水自动排放装置有浮球机械控制方式和电磁控制方式两类,有些适用于轻质油品,有些既适用于轻质油品,也适用于原油。如果自动排放装置出现误动作,则同样会造成跑油事故。

第四,浮顶倾覆。浮顶在罐内介质浮力作用下浮在液面上,浮顶下端的浸没深度主要取决于浮舱的浮力,浮顶及附件的质量,刮蜡板及密封机构对罐壁摩擦力的大小和方向,导向筒对导向管、量油管摩擦力的大小及方向等。当浮舱破坏进油、浮顶积水过度、受狂风吹动漂移或浮顶受导向管(或量油管)等卡阻时,其浸没深度就会发生变化,造成浮顶倾斜,以致沉底。近十年来,国内已发生浮顶沉底事故十几起。浮顶倾覆沉底除造成巨大经济损失外,还可因罐内油品失去密封而导致油气挥发和火灾。

(3)输油泵、管道、法兰和阀门泄漏或破损

第一,油泵泄漏。油泵在收发油过程中,可由于泵体裂纹或轴封、法兰密封不好发生油气泄漏,也可由于水击效应导致泵体和法兰泄漏。

第二,管线泄漏。管线裂缝或破裂可造成油气泄漏,产生管线泄漏的主要原因包括:①多数是因焊缝和管道母材中的缺陷在油品带压输送中引起管道破裂,造成漏油事故,据统计约 30% 的管道漏油事故是由焊缝和母材缺陷引起的;②管道腐蚀穿孔是由于防腐质量差,施工时防腐层受到机械损伤,土壤中含水、盐、碱及地下杂散电流腐蚀等原因导致的,严重的可造成管道穿孔,引发漏油事故;③管道施工温度与正常输油温度之间存在一定的温差,造成管道沿其轴向产生热应力,这一热应力易造成管道变形、弯头内弧里凹形成折皱、外弧率变大,管壁因拉伸变薄也会形成破裂,引发漏油事故;④地基沉降、地层滑动及地面支架失稳,造成管线扭曲断裂;⑤快速开泵和停泵或突然断电,会造成管内压力剧烈变化,产生水击对管线造成冲击,使管线剧烈振动,有可能使输油管破裂;⑥气温高引起油料膨胀,使输油管内压力增大,如地面管线受阳光强烈照射情况下可胀破(特别是管道与法兰的连接处);⑦第三方破坏,包括外力碰撞,可导致管道破裂;⑧自然灾害,如地

震、洪水、海潮、滑坡、塌陷、雷雨等都可能对管道造成破坏,在雨季或遇台风,雨水冲刷引起地面管道不均匀变形也可能引发管道泄漏事故。

第三,阀门和法兰破损。阀门和法兰破损有可能导致油气渗漏,其原因主要有:法兰、法兰紧固件及阀门用料缺陷或制造工艺不符合要求;垫片、填料老化;操作不当。

第四,误操作及检测仪表失灵。误操作引发的事故包括浮盘沉没、加温沸溢、管道压力突增等,都可引起跑油或油气泄漏,导致严重经济损失,并可能造成火灾。此外油品流速过快会引发静电火灾,收油过量会造成跑油,收发油速度过快会引起管道或固定顶罐体变形,开泵速度过快会引起管道水击等。另外,铁路或公路运输油品装卸过程中发生的油气泄漏和产生的静电也可能引发火灾、爆炸。高油位检测仪表失灵、油料溢出自动报警设备失灵时,若人员未及时巡检发现和采取措施,则同样会引起跑油。

(二)油库输油管路的安全管理

1.油库输油管路的常见故障及预防

(1)由温差引起的输油管内压力变化及预防措施。由于气温、日照等因素的变化,输油管内油温也将随之发生变化。由于在相同温差下,管路内油料的膨胀大于管体金属的膨胀,这样当温度升高时,会使管内压力升高,发生热胀;当温度下降时,则会使管内出现液柱分离(或称空穴)现象。对于每条输油管路,应在最高位量的油罐阀门前设置胀油管。管路上设置的隔断阀应在作业后保持常开或加设旁路安全阀,以不使其形成没有泄压保护的死管段。收发油作业后,打开管路上的透气支管,放空部分管线,使油料能自由膨胀,不致在管路内形成超压。对于较长的管路,在温度有较大降低的情况下启动油泵。当压力表指示正常时,应注意缓慢打开出口阀门,使分离液柱逐渐弥合,以免产生剧烈的冲击和增压。地下管路尽管温差较小,但由于进油温度接近气温,在冬季和夏季进油温度与地下管路的温差较大时,也容易出现热胀或空穴,管路也应在罐前设置胀油管或采取其他泄压保护措施。

(2)油库输油管路的腐蚀及预防措施。油库的输油管路无论是安装在洞(室)内、(室)外,还是安装在地上、地下或管沟内,由于都会与外界介质(如大气、水分、土壤、油料等)接触,加上杂散电流的影响,不可避免地会产生化学或电化学腐蚀。目前,油库输油管路防护方法主要采用涂料防腐和阴极保护两种方法。

2.油库输油管路冻裂事故及预防措施

油库输油管路冻裂事故主要是由内部积水气温变化结冰引发的。

（1）输油管道冻裂。输油管冻裂大都是由于试压后未及时放水或者排水不降，冬季结冰后胀裂、胀断，另一种情况是油品含水沉积于罐底进入排污管，结冰将有缝排污管的焊缝胀开。

（2）阀门冻裂。阀门冻裂都是由于阀内积水造成的。寒区、严寒区热力系统阀门冻裂较多，储、输油系统的阀门也有冻裂的。冻裂的阀门基本都是铸铁阀。油库设备酥裂都是由于设备内积水引起的，解决办法就是入冬之前排水。油库设备完成水压试验后应及时排水；油罐底部及铸铁阀门入冬前应检查排水；热力管道（指油品加热部分）入冬前应检查排水，冬季使用后应及时排水。总之，凡是易积存水的设备或部位，入冬前都应检查排水，必要时还应采取保暖措施。

3.油库输油管线应急抢修的安全措施

油库输油管线应急抢修时应做好以下安全措施：

（1）严格执行防火、防爆、防毒等安全技术规程和规范。

（2）建立现场应急抢修指挥机构，统一指挥现场应急抢修工作。现场指挥机构应由油库领导、工程技术人员和有实践经验的维修人员组成，负责制定应急抢修方案，指挥现场抢修作业。

（3）应急抢修人员应少而精，统一领导，分工明确，相互协调。可根据情况分抢修人员、监护人员、消防（救护）人员、后勤人员等，操作人员应配合搞好这项工作。现场操作时，除抢修人员和监护人员外，其他人员应站在警戒线外待命。抢修人员应严格按操作规程和既定方案进行，出现新的情况应及时向现场指挥人员汇报，以便及时采取措施解决。

（4）应按规定穿戴好劳动保护用品，备齐所需的安全工具和设备。消防、救护人员应到位。

（5）清理堵漏周围现场，做好通风、疏散、引流、蔽盖等防护措施。

（6）对油库输油管线的抢修堵漏，应尽量采用不动火堵漏法。不得已动火的部位，应做到"三不动火"，即不见批准有效的动火申请单不动火；未经认真检查逐条落实防火措施的不动火；没有用火负责人或防火人不动火。

（7）在室内、沟渠、井下、容器内操作时，注意防毒、防窒息。进容器前，应取样化验，合格后方能进入。

（8）抢修堵漏人员工作时，应站在有利的地势，如考虑站上风处、撤退方便处等,可根据具体情况采用挡板、隔绝垫等措施。

(三)油库泵房设备设施的安全管理

泵房被喻为油库的心脏,设备集中,作业频繁,是事故的多发场所之一。油库泵房设备一旦发生故障,则整个油库的收发油作业将无法进行。因此,对泵房设备进行安全管理是十分重要的。

1.泵房设备设施安全技术

泵房设备设施安全管理的内容主要包括设备的安全操作、设备设施的安全检查和设备的维护保养。要不断完善操作规程,对泵房设备实行责任制,明确分工,使操作人员熟悉设备性能,熟练掌握操作技能。泵房内要悬挂工艺流程图,阀门的开关要采用编号挂牌制。

对设备要按规定进行安全检查,检查时要认真仔细,通过看、听、摸,及时发现问题,及时予以处理,防患于未然。对设备要进行定期的维护保养,消除可能发生的事故隐患,使设备经常处于完好状态,保证收发油作业的正常进行。对消防器材要经常检查、保养、并组织有关人员训练,保证在发生事故时,器材都好用,人人都会用。

2.泵房设备设施的安全检查

泵房设施安全检查的主要内容有:各种设备设施清洁、整齐、无尘土和油污;空气中油气含量不大于 $300mg/m^3$;电气设备和关联设备物应符合防爆要求;噪声等级不大于 90dB;通向室内的管沟,必须在室外 5m 以外阻断并填塞密实;安全操作规程、岗位责任制、巡回检查制、交接班制、工艺流程图等应齐全、正确并张挂在墙上;设有可靠的报警和联络设施;手提式灭火器材和灭火工具应放在拿取方便的地方并按标准配置;室内不得存放无关物品,操作人员应穿戴防静电服装、鞋帽及棉线手套,不准用化纤织物擦拭设备和地面;泵房的全部建筑结构应由耐火材料建造,地面应为混凝土抹灰地坪,室内通风良好;泵房内不得有闷顶夹层,房基不能与泵基连在一起。

3.泵房设备的检修与维护

设备的检修与维护保养必须贯彻"养修并重,预防为主"的方针,严格遵守设备的保养规程和检修制度,做到定期维护保养、计划检修,使设备经常处于良好的技术状态,以延长设备的使用寿命。

(1)泵房设备检修的安全要求

1)按离心泵、齿轮泵、螺杆泵、水环式真空泵的技术要求和有关规定进行检修。

2）泵房停泵检修或移出泵房检修时，要检修的泵必须断开与其相连的各种管道和电源，管道加盲板堵严。

3）加强泵房通风，使油气浓度不大于 $300mg/m^3$。

4）清除泵内和管组内的残油，用棉纱擦净油污。

5）在使用支撑三脚架、悬挂升降葫芦时，必须将支撑点固定、绑扎牢固。

6）拆卸零部件时，只许用木槌敲打，不得硬撬硬砸。洗涤用溶剂油或工业汽油，不许用含铅汽油代替。

7）泵房内不准吸烟和有其他明火。电焊机、氧气瓶和乙炔发生器应分别安放在室外安全的地方。

8）下班前要整理现场，易燃的手套、工作服、棉纱、洗油等严禁放在泵房内。

9）检修完毕后，应先检查泵的转向，然后按检修质量要求进行试运转检查。

10）检修期间应有消防人员值班，防止发生意外。

（2）泵房设备维护保养的要求

1）严格贯彻执行"专机专责，职责分明"，设备维护保养要有专人负责，按规定进行检查和验收。

2）设备操作人员对所操作的设备必须做到"四懂三会"。"四懂"即懂设备结构、懂设备工作原理、懂设备性能、懂设备可能发生的故障及预防处理措施，"三会"即会操作、会维护、会小修。

3）操作人员必须正确使用设备，不准让设备超温、超压、超速、超负荷运转。为此在操作过程中应注意：按规定顺序启动，做好运转中的调整工作，做好故障预防及正确处理。

4）操作人员应经常保持设备本身的清洁，做到设备见本色。

5）设备操作人员应经常检查设备的震动及轴承温度变化情况，保证润滑系统、冷却系统良好。

6）做好停用或备用设备的防冻、防锈、防火等安全维护工作。杜绝"三漏一跑"，即漏油、漏水、漏气和跑油。

（四）油库装卸油设施的安全管理

油库装卸油设施是使用较为频繁的设施之一。对于收发铁路油罐车油料的油库，其装卸油设施为铁路装卸油设施，它包括铁路专用线和装卸油栈桥。对于收发油船油料的油库,其装卸油设施为码头装卸油设施,它包括平台和引桥、趸船、绝缘连接和静电接地、装卸油设备及码头的安全设施。此外,油库还有向汽车油罐车发放油料的公路发放油设施。油库装卸油设施的安全措施有:

(1)栈台或码头要严格落实禁火制度,严禁吸烟、随便用火,防止撞击、摩擦起火等。

(2)加强栈台或码头的管理与维护,提高设备良好率,严防"跑、冒、滴、漏"事故发生。一经发现,要及时清除,不留后患。

(3)作业中,严格遵守操作规程和安全规定,提倡文明装卸,反对野蛮作业,加强责任心,防止设备破坏。

(4)铁路、油罐车防雷和防静电及防杂散电流的设施要完好,并定期进行检查和检测。

(5)码头输油管应有良好的接地,金属软管质量要好,连接要牢固,弯曲度要合适,跨接静电连线要接好。

(6)维修用火的安全措施要落实,动火人、看火人要经过培训,审批人要深入现场,严格把关。

(五)油库电气设备的安全管理

油库区输配电线路的作用是向各电气设备输送动力。输配电线路的正常运行,是电气设备正常运行的保证。应对危险场所进行区域等级划分,然后根据场所区域等级选择不同类型的电气设备,以达到安全、经济的目的。

根据防爆理论,采用铝电极时,其最大不传爆间隙很小,而且铝导线与铜接线柱接触时,由于两种金属电位不同,当连接在一起时就会有电位差而产生电腐蚀,造成接触不良、接触电阻增大,还会使运行中温度升高,长期下去可能会产生电火花或电弧,使防爆电气设备的整体防爆性能减弱。

在爆炸危险场所安装普通的导线或电缆是相当危险的。在1级场所不允许采用普通电缆或导线,而必须用铠装电缆或钢管布线。

油库1级场所使用铜芯电线或绝缘铜导线,在2级以下场所大量使用铝电缆和铝绝缘导线,这样就存在铜导线与铝导线的连接问题,或者铝导线与电气设备接线端子的连接问题。不同接头也有严格的要求,需要根据实际情况进行操作。

三、油库检修的安全管理

（一）油库检修的组织实施

油库检修任务重、作业面小、时间紧、危险性大。油库检修的准备工作一般包括：组织领导；制定安全检修规定；明确检修要求；宣传教育。

油库检修的组织实施包括：检修开始前的检查；操作人员和检修人员的交接和配合；检修作业中的安全检查；加强安全宣传教育；作业现场的安全管理；严格安全制度；检修结束前的安全检查。

（二）油库检修作业的安全技术

油库检修作业的安全技术，如图 5-5 所示。

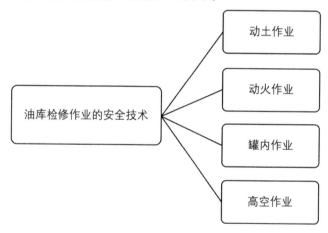

图 5-5　油库检修作业的安全技术

1.动土作业

油库加油站地下各种管路、电缆等设施较多。在动土作业中，往往由于没有完善的技术资料和安全管理制度，不明地下设施情况，而有将电缆挖断、电缆受损击穿、土石塌方损伤管路、渗水跑水威胁地下设施、人员坠落受伤等事故发生。因此，动土作业应是油库加油站安全检修的一个不可忽视的内容。

动土作业的安全要点有：防止破坏地下设施；防止塌方和水害；防止机械工具伤害；防止坠落；防止中毒。

2.动火作业

在油库加油站的检修、改造、扩建、系统调整中,经常需要对管路和储油容器进行切割、焊接作业,或者其他明火和易产生火种的作业,这些作业都可能引发着火、爆炸事故。油品发生火灾、爆炸要有一定浓度的油气、空气和点火源同时存在,因此要严防库区的火源。库区内可能出现的火源主要有以下几类:①明火,如电焊、气焊火花、机动车辆排气筒排出的火花、烟火等;②金属撞击火花,如敲击金属、金属与地面碰撞等产生的火花;③电气设备火花,如电开关、电机、电刷等产生的火花;④杂散电流火花,如电气化铁路、电化学腐蚀、阴极保护等引起的杂散电流火花;⑤静电放电火花,如油料静电,特别是输油速度过快产生的油料静电以及人体静电等产生的火花;⑥其他火源,如雷电、高温物体等。

(1)动火作业。在油库加油站中,凡是动用明火或可能产生高温、火花等的作业都应属于动火作业的范围。作业若在禁火区进行,则应办理动火作业审批手续,落实安全防火措施。

(2)动火作业的安全要求

1)动火作业应有专人监火,动火作业前应清除动火现场及周围的易燃物品或采取其他有效的安全防火措施,配备足够适用的消防器材。

2)凡在盛有或盛过危险化学品的容器、设备、管道等生产、储存装置及处于规定的甲、乙类区域的生产设备上动火作业,应将其与生产系统彻底隔离,并进行清洗、置换,取样分析合格后方可动火作业,因条件限制无法进行清洗、置换而确需动火作业时按规定执行。

3)凡处于规定的甲、乙类区域的动火作业,地面如有可燃物、空洞、窨井、地沟、水封等,应检查分析;距用火点 15m 以内的应采取清理或封盖等措施;对于用火点周围有可能泄漏易燃、可燃物料的设备,应采取有效的空间隔离措施。

4)对于拆除管线的动火作业,应先查明其内部介质及其走向,并制定相应的安全防火措施。

5)在生产、使用、储存氧气的设备上进行动火作业时,氧含量不得超过 21%。

6)五级风以上(含五级风)天气,原则上禁止露天动火作业。因生产需要,确需动火作业时,动火作业应升级管理。

7)在铁路沿线(25m 以内)进行动火作业时,遇装有危险化学品的火车通过或停留时,应立即停止作业。

8)凡在有可燃物构件的凉水塔、脱气塔、水洗塔等内部进行动火作业时,应采取防火隔绝措施。

9)动火期间距动火点 30m 内不得排放各类可燃气体;距动火点 15m 内不得排放各类可燃液体;不得在动火点 10m 范围内及用火点下方同时进行可燃溶剂清洗或喷漆等作业。

10)动火作业前,应检查电焊、气焊、手持电动工具等动火工器具的本质安全程度,保证安全可靠。

11)使用气焊、气割动火作业时,乙炔瓶应直立放置;氧气瓶与乙炔瓶间距不应小于 5m,二者与动火作业地点间距不应小于 10m,并不得在烈日下曝晒。

12)动火作业完毕,动火人和监火人以及参与动火作业的人员应清理现场,监火人确认无残留火种后方可离开。

3.罐内作业

凡是进入罐内进行检查、测试、清洗、除锈、涂装、检修、施焊等工作都属罐内作业的范围。另外,在油罐室、地坑、管沟、检查井或其他易于集聚油气的场所作业,也宜根据具体情况视为罐内作业来考虑其安全问题。

(1)罐内作业程序为:①腾空准备;②清除底油;③通风换气;④气体检测;⑤进入罐作业等。

(2)罐内作业的安全要点为:①可靠隔离;②通风换气;③气体监测;④罐外监护;⑤用电安全;⑥个人防护;⑦空中作业;⑧急救措施等。

4.高空作业

在油罐加油站常有从高处坠落的事故发生。因此,做好预防高空坠落工作对落实油库加油站安全检修具有很大的作用。高空作业的一般安全要求包括:作业人员素质;作业条件;现场管理;防工具材料坠落;防触电和中毒;气象条件;注意空中结构性能。

第六章　油气储运的创新技术发展研究

第一节　油气储运系统的节能技术

能源是国民经济发展和社会进步最基本的物质基础。能源的开发和合理利用是社会发展的源泉和战略依据,并标志和决定着两个国家的竞争实力和综合国力。"油气储运是油气生产、油气销售的中间环节,也是石油行业满足人们油气需求的主要途径。"[①]油气储运系统所属单位虽然是能源生产与运输单位,但也是能源消耗大户,即在石油和天然气的储存和运输过程中,消耗的各种能源在油气储运单位运营成本中占到较大比例。

在我国,节约能源是缓解能源供应与需求矛盾的重要手段之一。其目的在于优化能源供应与合理配置,以便于降低单位产值或单位产品的能源资源消耗,提高能源资源的利用水平。节能可以分为直接节能与间接节能,节能的方法包括三个方面,即结构节能、管理节能和技术节能。

一、输油系统的节能技术

与集输系统相同的是,为了解决泵管不匹配造成的阀门严重节流问题,输油系统应用了大量的调速技术。其中在长输管道输油泵上主要应用串级调速装置、液力耦合器、滑差离合器等。此外,同样采用新型高效节能设备,如高效炉、高效泵、节能型变压器等,以改造或淘汰老旧低效设备。

在工艺改造方面,输油系统开发利用了密闭输油工艺、站场先炉后泵工艺和添加原油改性剂输送、原油热处理输送、掺稀油输送等常温或少加热输送工艺,以及清管除蜡、降黏减阻等配套技术,提高了整个系统的经济运行水平。

---

① 何树栋,高哲.油气储运系统节能技术分析[J].建材与装饰,2018(42):177.

在系统运行方面,要优化输油管道运行方案,合理调整运行参数,减少节流损失,实现系统经济运行。

在目前设备设计效率已达较高水平的情况下,提高输油企业节能效益的关键是两点:①完成管线的优化运行工作,管线输油运行方式和参数的优化是提高输油系统能源利用率、取得节能实效的关键,因此要下大力气并坚持不懈地搞好优化运行工作;②开展输油新工艺、新技术的研究与应用,如稀释输送、低输量管线降凝输送等技术。

二、集输系统的节能技术

以我国东部最大的油田——胜利油田为例,介绍集输节能技术的发展和应用情况。近年来,胜利油田调整了集输系统的整体布局,采用如高效游离水脱除工艺技术,推广应用高效燃烧器、高效加热炉、变频调速技术,以及应用信息技术改造传统流程,优化运行程序等新工艺、新技术和新型油气处理生产设备,实施老站技术升级改造。

由于油气田集输系统是一个多工序、多流程、多设备的复杂系统,集输系统的节能技术涉及的设备和工艺过程也较多,依据改造的对象不同可以把上述提及的集输系统节能技术划分为三类。

(一)单个设备或装置的节能技术

单个设备或装置的节能技术,主要包括高效节能设备的应用和低效设备的节能改造技术。高效节能设备的应用,如应用三元流动理论研制的高效输油泵,比原来的高效泵提高效率2%～5%,以及高效三相分离器、多功能处理装置、高效加热炉等;低效设备的节能改造技术,如变频调速技术在低效运行的油水泵上的应用;在燃煤锅炉上开发应用了高效洁净燃烧技术,如分层燃烧、煤粉燃烧、水煤浆和添加燃煤添加剂等;在燃油、燃气炉上推广应用高效燃烧器和燃油掺水乳化燃烧技术;改进燃料经济结构,如以气代油、以煤代油、以渣油和超稠油代替原油作为燃料,提高燃烧效率,降低燃烧成本;加热炉、锅炉的应用运行参数自动调节系统等。

(二)某个工艺环节的节能技术

某个工艺环节的节能降耗技术,主要包括原油常温集输技术和放空天然气回收技术等。其中,单管常温集油、低温采出液游离水脱除、离心泵输送低温含水原油、加降黏剂等原油常温集输技术在油田得到大规模应用;而放空天然气回收技术是集输系统以节气、节油为重点的节能技术改造项目。目前,油田油气集输过程中,加大了伴生气回收利用的力度,逐步形成了按放空形式、回收利用的难度进行分类,针对不同类型的放空天然气,采用了不同方案和技术进行回收利用的模式。

(三)集输系统的整体优化运行技术

在先进的控制水平和良好的专业员工协助下,优化系统运行参数不需要大量的投资,却可得到良好的节能效果。

虽然,我国现有的油气集输生产水平和生产效率随着设备的更新、工艺的改进和布局的优化在不断地提高,但是随着采出液含水量的不断上升,给地面集输系统油水处理、节能降耗、防腐、提高系统效率等方面带来一系列困难;同时,小断块、边远区块油田的开发,给集输工艺节能降耗提出了新难题。因此,我国集输节能技术仍需在以下方面继续进行重点攻关和科研:

(1)集油技术。深入开展环状集油和不加热集油技术界限的研究,推广不加热集油、密闭集输等低能耗工艺技术。

(2)油气混输。推广应用油气混输技术,解决边远区块进不了系统、局部区域集输回压高的问题,进一步提高油气集输密闭率。吸收引进国外混输泵技术,以提高国内混输泵的可靠性和适应性。

(3)油气处理。推广应用新型高效油气处理技术、污水处理技术、输油泵变频调速技术、加热炉新型高效节能火嘴和自动化控制技术,加强低温破乳剂的开发和应用,改进原油脱水工艺,降低原油处理运行能耗。

(4)新能源与可再生能源,如太阳能(西北的 E 油田)、地热能(华北、大港等油田)的利用。

三、余能回收利用技术

余能回收利用技术,主要是指通过余热回收装置和换热器回收各种形态(固态、液态、气态)余热来预热加热炉等的助燃空气和燃料,以提高热工设备热效率,从而在保证生产和生活需要的基础上,降低产生蒸汽和加热油品的单耗。从广义上讲,还包括增压泵余压的回收。目前,这项技术主要应用在工艺较复杂、热流体较多的炼厂和油田储运系统中,如应用热管技术,回收炼厂加热炉和油田锅炉的烟气余热,并取得了显著的成效;应用热泵技术于回收油田的污水余热,也已取得阶段性成果。

以上是我国油气储运系统节能技术的发展和应用现状。相对而言,目前国外油气储运方面的节能技术的研究和应用则更深入和多样化一点,主要表现在以下几个方面:

(1)先进过程控制技术。以基础自动化单元控制、PID控制和分布式控制系统(DCS)为基础,实现数据集成、过程操作优化和生产安全监测、事故报警处理等功能。

(2)高效保温技术。在油气集输、稠油热采工艺中,存在大量用热过程,高效保温隔热技术的广泛应用,大大提高了油田开采和用能效率。

(3)油田数字化技术。用来描述跨越地理条件限制,通过信息技术,实时或近实时地监控和管理油田所有的生产经营运行情况,使地下生产与地面经营计量一体化。

(4)注重新能源和可再生能源利用。例如,委内瑞拉一条32km的长距离稠油管道采用太阳能热二极管技术后,输油温度从28℃提高到60℃,输送能力提高17%。

四、长输管道的节能技术

对于输油企业来说,除了管道建设投资及必要的维护成本外,在正常生产中可以调整的主要是管道运行参数,包括输量、电费、燃料费及可能的添加剂费用,但因为受到管道安全运行条件的限制,所以这些参数的调整余地很有限。

输油管道的优化节能就是借助于最优化理论和最优化技术,构造优化运行数学模型,研究如何在输油管道工程规划设计和运行中合理地选择有关技术参数,从众多可行的运行方案中寻找出既能满足工程设计要求,又能降低工程投资、运行成本的"最优"或"次优"设计和运行方案。这对节约投资、降低能耗、提高效益、促进新技术的推广应用都有着重要的现实意义。

(一)原油长输管道

原油长输管道优化的基本思想是根据管道设计和运行的配套理论、方法及管线系统本身的结构、流程及外部条件等,建立反映管道工程运行问题和符合数学规划要求的数学模型,然后采用优化方法和计算机技术自动找出给定输量下众多输油方案中的最优方案。

研究原油长输管道优化的基本步骤有：①分析输油系统，找出影响能耗费用的诸参数及其函数关系；②确定目标函数和约束条件；③建立数学模型；④求解该数学模型，寻求最优解。依据所建数学模型的类别，采用适合的解决方法，寻求最优解。对于长输管道，要求最终得到的最优方案必须是可行方案。

（二）长输管道

（1）线性规划法。线性规划法，是管道优化中应用较早的数学规划模型之一。在树枝状管道布局和节点流量已定的情况下，事先选取管道允许采用的标准管径集合，以具有标准管径的管段长度为决策变量，则管道摩阻损失是管长的线性函数，节点压力约束是决策变量的线性不等式。管道优化设计的目标函数可考虑管道投资和经营管理费，其中管道投资是各管段长度的线性函数，泵站的经营管理费可认为是泵机组扬程的线性函数。因此，以具有标准管径的管段长度和泵机组扬程为决策变量，可构成树枝状管道优化设计的线性规划模型。但是，线性规划模型只能考虑线性目标函数，一些呈非线性关系的费用项无法在模型中考虑。

从本质上讲，管道优化问题主要是数学上的多元非线性函数求极值的问题，即大多属于有约束的非线性规划问题。由于管道运行优化问题比较复杂，因此无法用解析法求其偏导数，只能用直接搜索方法。常用的约束NLP问题直接搜索方法有网络法、正交网络法、复合形法、约束随机方向搜索法，但都存在计算量大或精度低的缺点。

（2）动态规划。动态规划在解决原油长输管道优化问题中也有所应用。由于动态规划法把多变量的复杂问题进行分阶段决策，变成求解多个单变量的问题，故在解决某些实际问题中，应用动态规划法求解显得更有效和方便，如管道设计和运行中的泵机组的优化组合问题，管道线路铺设的最优化问题等。由于动态规划法在实际应用中只能做到具体问题具体分析，从而构造具体的模型。由于复杂问题在选择状态、决策、确定状态转移规律等方面，很难做到准确的分析和确定，因此使动态规划技术的应用受到很大限制。

20世纪80年代以来，一些新颖的优化算法，如遗传算法、进化规划、混沌优化、人工神经网络、模拟退火及其混合优化策略等，通过模拟或揭示某些自然现象或过程而得到发展，并为解决复杂问题提供了新的思路和手段。这些算法独特的优点和机制引起了国内外学者的广泛重视并掀起了研究和应用的热潮,且在诸多领域得到了成功应用。由于这些算法构造的直观性与自然机理,因而通常被称作智能优化算法。智能优化算法在管道优化设计方面的应用有着广阔的前景。

五、矿场油气技术系统的节能技术

(一)集油管网系统

集油管网系统的运行优化是在集油管网的布置和站址的位置基本确定的基础上,主要通过调整各运行参数,得出最佳运行工况下的参数组合。

(二)联合站系统

整个联合站系统要受到很多因素的影响,如站内各种设备的效率(泵效率、加热炉效率、分离器效率、脱水器效率、站内管网效率、存储设备效率、沉降设备效率等)、介质(油品)的物理化学性质等。多种因素共同的作用决定了整个联合站系统的能耗水平。联合站系统的优化节能就是在对联合站进行水力、热力计算的基础上,结合能量分析结果,以生产合格原油所需费用最少作为目标函数,建立优化设计的数学模型,并采用适当的方法求解,最后给出集输系统最佳运行参数。

联合站系统的节能步骤如下:

(1)经过现场调研,与现场技术人员、操作人员深入交流,掌握联合站系统及其设备的运行情况,并取得系统运行数据及动力设备、热力设备、分离设备、脱水设备等各类设备的现场数据,对联合站进行水力、热力计算。

(2)在现场调研和取得的现场数据的基础上,分析设备的能耗影响因素,确定优化变量,这是优化设计的关键之一。正常运行的联合站内的各种设备包括大量的操作运行参数,这么多参数是否都要作为优化变量,需要对设备做能耗分析,并通过分析操作参数对运行费用的影响而确定。

(3)建立运行费用与优化变量之间的关系。确定要优化的运行参数与目标函数的关系,只有建立起确定的函数关系,才能进行优化计算。

(4)确定优化变量的约束条件。现场的操作参数都必须满足一定的工艺要求和指标,如规定外输管线进入首站温度和压力有要求、进入电脱水器的含水量有限制等。

(5)根据数学模型的特点,选择合适的优化方法进行编程求解。

（6）分析优化计算结果,给出相应的结论,从而指导现场生产。

当然,如果要做到油气集输系统的整体优化,最好建立整个油气集输系统的优化目标函数,确定约束条件,选取算法求解目标函数,最后根据优化计算结果指导集输系统的整体运行,但是这样会使问题的复杂性增加。因此,可以在各子系统优化分析结果的基础上相互协调,从而达到油气集输整体优化的效果。

以上优化节能技术运用时涉及各种参数的采集、控制和调节,因此其应用的前提保障是系统配备有自动化控制系统。目前用于对集输系统和长输系统进行集散控制的自动化系统有 SCA-DA、DCS 等。

第二节　油气储运系统的自动化发展

为了保证安全生产、提高经济效益,达到节能、降耗、改善环境和增加效益的目的,必须实现油气储运系统自动化。工业生产自动化是指人们利用各种仪表和设备代替人的一些复杂性、重复性的劳动,按照人们所预定的要求自动地进行生产和操作,这种管理生产的办法,称为工业生产自动化。

按照功能不同,油气储运自动化系统可分为若干类型,一般包括自动检测、开环控制、逻辑控制、自动切断、自动控制、火灾消防等方面,在实际应用中它们常常组合使用。

自动检测系统只能完成"了解"生产过程进行情况的任务;开环控制系统和逻辑控制系统只能按照预先规定好的步骤进行某种周期性操纵;自动切断系统只能在工艺条件进入某种极限状态时,采取安全措施,以避免生产事故的发生;火灾消防系统只能在火灾发生后进行灭火,以起到保护作用;只有自动控制系统能自动排除各种干扰因素对工艺参数的影响,使它们始终保持在预先规定的数值上,从而保证生产维持在正常或最佳的工艺操作状态。因此,自动控制系统是油气储运自动化的核心部分,也是需要了解的重点。

一、自动控制系统的组成与类型

（一）自动控制系统的组成

自动化系统由自动检测系统、逻辑控制系统、自动切断系统、自动控制系统、火灾消防系统等组成。自动控制系统在石油、天然气开采和储运中应用最多,也是最主要的系统。

工业生产过程中,对各个工艺过程的工艺参数(如压力、温度、流量、物位等)有一定的控制要求,这些工艺参数对产品的数量和质量起着决定性的作用。因此,在人工控制的基础上发展起来的自动控制系统,可以借助于一整套自动化装置,自动地克服各种干扰因素对工艺生产过程的影响,使生产能够正常运行。在锅炉正常运行中,汽包水位是一个重要的参数,它的高低直接影响着蒸汽的品质及锅炉的安全。水位过低,当负荷很大时,汽化速率很快,汽包内的液体将全部汽化,导致锅炉烧干甚至会引起爆炸;水位过高会影响汽包的汽水分离,产生蒸汽带液现象,降低蒸汽的质量和产量,严重时会损坏后续设备。因此,对汽包水位应严加控制。

液位变送器、控制器和执行器分别用来代替人的眼、脑和手的功能。

(1)测量元件与变送器的作用是测量汽包水位信号,并将其转换为一种特定的、统一的输出信号(气压信号或电压、电流信号等)。

(2)控制器的作用是接收变送器送来的信号,与工艺上的设定信号相比较得出偏差,并按某种运算规律算出结果,然后将此结果以气压信号或电信号的方式发送出去。

(3)执行器通常指控制阀,它能自动地根据控制器送来的信号值改变阀门的开启度,从而使进入锅炉的水量发生变化,达到控制锅炉汽包水位的目的。

上述汽包水位的人工控制和自动控制的工作原理是相似的,因此这套自动化装置能代替人的眼睛、大脑和手完成自动控制锅炉汽包水位高低的任务。

在自动控制系统中,除了必须具有的自动化装置外,还必须具有控制装置所控制的生产设备即被控对象。在自动控制系统中,将需要控制其工艺参数的生产设备或机器称为被控对象,简称对象。锅炉汽包水位控制系统中的锅炉就是被控对象。化工生产中的各种塔器、换热器、反应器、泵和压缩机及各种容器、储槽都是常见的被控对象。

(二)自动控制系统的类型

自动控制系统的分类方法有很多种,每一种方法都反映出自动控制系统在某一方面的特点。按照被控变量的名称来分类,有压力控制系统、温度控制系统、流量控制系统及液位控制系统等。按照被控变量的数量来分类,有单变量控制系统和多变量控制系统。按照控制器具有的控制规律来分类,有比例控制系统、比例积分控制系统及比例积分微分控制系统等。在分析自动控制系统的特性时,经常将控制系统按照被控变量的给定值的不同来分类,这样可以分成以下三类:

(1)定值控制系统。"定值"是恒定给值的简称。工艺生产中,若要求控制系统的作用是使被控制的工艺参数保持在一个生产指标上不变,或者要求被控变量的给定值不变,就需要采用定值控制系统。在工业生产过程中,大多数工艺参数(温度、压力、流量、液位、成分等)都要求保持恒定。因此,定值控制系统是工业生产过程中应用最多的一种控制系统。

(2)随动控制系统。随动控制系统是被控变量的给定值随时间不断变化的控制系统,且这种变化不是预先规定的,而是未知的时间函数。该系统的目的就是使所控制的工艺参数准确而快速地跟随给定值的变化而变化。

(3)程序控制系统(顺序控制系统)。程序控制系统是被控变量的给定值按预定的时间程序变化的控制系统。这类系统在间歇生产过程中应用比较普遍。

二、油气储运系统的自动控制系统

随着现代工业生产规模的不断扩大,生产过程的日益复杂,自动控制系统已经成为工业生产过程中必不可少的设备,它是保证现代工业生产安全、优化、低能耗、高效益的主要技术手段。自动控制系统的任务是根据不同的工业生产过程和特点,采用测量仪表、控制装置和计算机等自动化工具,应用控制理论,设计自动控制系统,来实现工业生产过程的自动化,保证生产过程良好、高效地操作运行。

与其他工业生产一样,在石油和天然气开采和储运工艺过程中,也可以广泛地采用自动控制系统。比如,在采输工艺管线和站库上装有各种自动化仪表,对原油及天然气的压力、温度、流量、液位等参数进行自动检测和控制。也可采用"三遥"装置,对远距离泵站的单井的油气压力和温度进行遥测,对井口电动球阀进行遥控,对其阀位状态进行遥讯。

自动控制系统在石油、天然气开采和储运中应用最多,也是最主要的系统,如泵房自动化、油品管道自动调和、油品灌装等生产过程。在大型油气处理联合站,简单控制系统多达 100 个。以下将主要介绍简单控制系统、复杂控制系统和计算机控制系统。

(一)油气储运的简单控制系统

简单控制系统是使用最普遍、结构最简单的一种自动控制系统。随着工业技术的发展,控制系统的类型越来越多,复杂控制、计算机控制系统的应用也日趋广泛,但就目前而言,简单控制系统仍然占据着主要地位,其分析、设计方法是其他各类控制系统分析和设计的基础。在选择控制方案时,只有当简单控制系统不能满足控制要求时,才考虑采用其他较复杂的控制方案。简单控制系统研究的问题,在其他各类控制系统中也基本适用。

1.简单控制系统的组成

简单控制系统由一个测量变送环节(测量元件及变送器)、一个控制器、一个执行器、一个被控对象组成。由于该系统中只有一条由输出端引向输入端的反馈路线,因此也称为单回路控制系统。

输油管道是被控对象,流量是被控变量,孔板流量计配合变送器将检测到的流量信号送往流量控制器。控制器的输出信号送往执行器,通过改变控制阀的开度来实现流量控制。

在储槽的液位控制系统中,储槽是被控对象,液位是被控变量,液位变送器将反映液位高低的信号送往液位控制器。控制器的输出信号送往执行器,改变控制阀开度使储槽输出流量发生变化以维持液位稳定。

简单控制系统由四个基本环节组成,即被控对象(简称对象)、测量变送装置、控制器和执行器。虽然不同对象具体装置与变量不相同,但简单控制系统都可以用相同的方块图来表示,这是简单控制系统所具有的共性。

2.控制方案的设计

控制方案的设计是指被控变量的选择、操纵变量的选择及控制器的选择。

(1)被控变量的选择。自动控制系统是为生产过程服务的,自动控制的目的是使生产过程自动按照预定的目标进行,并使工艺参数保持在预先规定的数值上(或按预定规律变化)。因此,在构成一个自动控制系统时,被控变量的选择十分重要。它关系到自动控制系统能否达到稳定运行、增加产量、提高质量、节约能源、改善劳动条件、保证安全等目的。如果被控变量选择不当,则不能达到预期的控制目标。

被控变量的选择与生产工艺密切相关。影响生产过程的因素有很多,但并不是所有影响因素都必须加以控制。所以,设计自动控制方案时必须深入分析工艺,找到影响生产的关键变量作为被控变量。所谓关键变量是指对产品的产量、质量及生产过程的安全具有决定性作用的变量。

(2)操纵变量的选择。当被控变量确定以后,接着就要考虑影响被控变量波动的干扰因素有哪些,采用什么手段去克服,选用哪个变量去克服干扰最有效、最能使被控变量回到给定值上。人们经常把这个被选择用来克服干扰的变量称为操纵变量。操纵变量最多见的是流量。

在大多数情况下,使被控变量发生变化的影响因素往往有多个,而且各种因素对被控变量的影响程度也不同。现在的任务是从影响被控变量的许多因素中选择一个作为操纵变量,而其他未被选中的因素均被视为系统的干扰。究竟选择哪一个影响因素作为操纵变量,只有在对生产工艺和各种影响因素进行认真分析后才能确定。

干扰变量是由干扰通道施加到对象上,起着破坏作用,使被控变量偏离给定值。操纵变量由控制通道施加到对象上,使被控变量回到给定值上,起着校正作用。这是一对矛盾的变量,它们都与对象特性有密切关系。所以,在选择操纵变量时,要认真分析对象的特性。

(3)控制器的选择。在控制系统中,仪表选型确定以后,对象特性是固定的,不好改变;测量元件及变送器的特性比较简单,一般也是不可改变的;执行器加上阀门定位器可有一定程度的调整,但灵活性不大;主要可以改变参数的就是控制器。系统设置控制器的目的,也是通过它改变整个系统的动态特性,以达到控制的目的。

3. 控制器参数的工程整定

一个控制系统的质量取决于被控对象的特性、干扰的形式和大小、控制方案及控制器参数的整定等因素。然而,一旦系统按照设计方案安装就绪,对象各通道的特性已成定局,这时系统的控制质量主要取决于控制器参数的设置。控制器参数的整定就是求取能够满足某种控制质量指标要求的最佳控制器参数。整定的实质是通过调整控制器参数使其特性与被控对象的特性相匹配,以获得最为满意的控制效果。

(1)临界比例度法。临界比例度法是目前应用较多的一种方法。它是先通过试验得到临界比例度和临界周期,然后根据经验总结出来的关系式求取控制器的各参数值。临界比例度法比较简单方便,容易掌握和判断,适用于一般的控制系统,但是对于临界比例度很小或不存在临界比例度的系统不适用。因为临界比例度很小,所以控制器输出的变化一定很大,被控变量容易超出允许范围,影响生产的正常进行。

（2）衰减曲线法。衰减曲线法通过使系统产生衰减振荡来整定控制器的参数值,在闭环的控制系统中,先将控制器变为纯比例作用,并将比例度预置在较大的数值上。在达到稳定后,用改变给定值的办法加入阶跃干扰,观察被控变量记录曲线的衰减比,然后从大到小改变比例度,直至出现4∶1衰减曲线的过渡过程,记下控制器此时的比例度,在过渡过程曲线上取得振荡周期。衰减曲线法适用于一般情况下各种参数控制系统。

（3）经验凑试法。经验凑试法是在长期的生产实践中总结出来的一种整定方法。在一个自动控制系统投入运行时,控制器的参数必须整定,如此才能获得满意的控制质量。同时,在生产进行过程中,如果工艺操作条件改变或负荷有很大变化,那么被控对象的特性就要改变,控制器的参数也必须重新整定。

（二）油气储运的复杂控制系统

复杂控制系统又称多回路控制系统,通常包含两个以上的变送器、控制器或执行器,构成的回路数也是多于一个。复杂控制系统种类繁多,根据系统的结构和所担负的任务来说,常见的复杂控制系统有串级、均匀、比值、分程、前馈、取代、三冲量等控制系统。

1. 串级控制系统

串级控制系统是所有复杂控制系统中应用最多的一种,当要求被控变量的误差范围很小、简单控制系统不能满足要求时,可考虑采用串级控制系统。

（1）组成原理。为了对串级控制系统有一个初步认识,首先分析一个具体实例。管式加热炉是炼油、化工生产中的重要装置之一。原油加热或重油裂解,对炉出口温度的控制都十分重要。将温度控制好,一方面可延长炉子寿命,防止炉管烧坏;另一方面可保证后面精馏分离的质量。为了控制炉出口温度,可以设置温度控制系统,根据加热炉出口温度的变化来控制燃料阀门的开度,即改变燃料量来维持加热炉出口温度,保持在所规定的数值上,这是一个简单的控制系统。

加热炉对象是通过炉膛与被加热物料之间的温差进行热传递的,燃料量的变化或燃料热值的变化首先要反映到炉膛温度上。为此,选择炉膛温度为被控变量,燃料量为操纵变量,设计单回路控制系统,以维持炉出口温度为某一定值。该系统的特点是控制通道的时间常数缩短为3min左右,对于燃料和燃烧条件方面的主要干扰具有很强的抑制作用。但是炉膛温度毕竟不能真正代表炉的出口温度。炉膛温度控制好了,其炉的出口温度不一定就能满足生产的要求,这是因为即使炉膛温度恒定,原料油本身的流量或入口温度变化仍会影响炉的出口温度,所以该方案仍然不能达到生产工艺的要求。

综上分析,为了充分应用上述两种方案的优点,可选取炉出口温度为被控变量,选择炉膛温度为中间辅助变量,把炉出口温度控制器的输出作为炉膛温度控制器的给定值,而由炉膛温度控制器的输出去操纵燃料量的控制方案。

(2)工作过程

1)干扰作用于副对象。当系统的干扰只是燃料油的压力或组分波动时,首先影响炉膛温度,于是副控制器立即发出校正信号,控制控制阀的开度,改变燃料量,克服上述干扰对炉膛温度的影响。

2)干扰作用于主对象。当炉膛温度相对稳定,而进入加热炉的原料油流量发生变化时,必然引起炉出口温度变化。在主变量偏离给定值的同时,主控制器开始发挥作用,并产生新的输出信号,使副控制器的给定值发生变化。

3)干扰同时作用于主对象和副对象。若干扰作用使主、副变量按同一方向变化,即主、副变量同时升高或同时降低,则此时主、副控制器对执行器的控制方向是一致的,加强控制作用,有利于提高控制质量。

由于串级控制系统的特点和结构,它主要适合于被控对象的测量滞后或纯滞后时间较大,干扰作用强而且频繁,或者生产负荷经常大范围波动,简单控制系统无法满足生产工艺要求的场合。此外,当一个生产变量需要跟随另一个变量而变化或需要相互兼顾时,也可采用这种结构的控制系统,但也不能盲目地套用串级控制系统,否则,不仅会造成设备的浪费,用得不对还会引起系统的失控。

2. 均匀控制系统

(1)均匀控制问题的提出。在连续生产过程中,每一装置或设备都与其前后的装置或设备有紧密的联系。前一个装置或设备的出料量就是后一装置或设备的进料量。各个装置或设备相互联系,相互影响。

为了解决前后两塔供求之间的矛盾,可在两塔之间增加一个中间缓冲罐,这样既能满足甲塔液位控制的要求,又缓冲了乙塔进料流量的波动,但由此却增加了设备投资且使生产流程复杂化,而且在个别生产过程中,某些化合物易于分解或聚合,不允许储存时间过长,所以这种方法不能完全解决问题。

(2)均匀控制的特点。均匀控制的特点是在工艺允许的范围内,前后装置或设备供求矛盾的两个参数都是变化的,其变化是均匀缓慢的。

1)表征前后供求矛盾的两个变量都应该是缓慢变化的。

2)前后互相联系又互相矛盾的两个变量应保持在工艺操作所允许的范围内。均匀控制要求在最大干扰作用下,液位能在上下限内波动,而流量应在一定范围内变化,避免对后道工序产生较大的干扰。

(3)均匀控制方案

1)简单均匀控制系统。为了实现均匀控制,在整定控制器参数时,要按均匀控制思想进行。通常采用纯比例控制器,且比例度放在较大的数值上,要同时观察两个变量的过渡过程来调整比例度,以达到满意的均匀。有时为防止液位超限,也引入较弱的积分作用。

2)串级均匀控制系统。在串级均匀中,副回路用来克服塔压变化;主回路中,不对主变量提出严格的控制要求,采用纯比例,一般不用积分。整定控制参数时,主、副控制器都采用纯比例控制规律,比例度一般都比较大。整定时不是要求主、副变量的过渡过程呈某个衰减比的变化,而是要看主、副变量能否均匀地得到控制。

3. 比值控制系统

比值控制系统中,需要保持比值关系的两种物料必然有一种处于主导地位,称为主物料,又称为主动量或主流量;另一种物料按主物料进行配比,称为从物料,又称为从动量或副流量。

常见的比值控制系统有开环比值、单闭环比值、双闭环比值和变比值。

(1)开环比值控制系统。开环比值控制系统是最简单的比值控制方案,比值器发挥控制器的作用,使副流量流路上的阀门开度由主流量的大小决定,副流量跟随主流量变化,完成流量配比操作。开环比值控制系统的优点是结构简单,操作方便,投入成本低。因其为开环特性,副流量没有反馈校正,所以在副流量本身存在干扰时,系统不能予以克服,无法保证两流量间的比值关系。在生产中很少采用这种控制方案。

(2)单闭环比值控制系统。为了克服开环比值控制方案的不足,可以在副流量的流路上设计一个闭合回路。单闭环比值控制系统的优点是比值控制比较精确,能较好地克服进入副流量回路的干扰,并且结构形式也较为简单,实施方便,在生产中得到了广泛应用,尤其适用于主物料在工艺上不允许进行控制的场合。但是当主流量波动幅度较大时,该方案无法保证系统处于动态过程的流量比。

(3)双闭环比值控制系统。双闭环比值控制系统具有两个闭合回路,分别对主、副流量进行定值控制。同时,由于比值控制器的存在,副流量能跟随主流量的变化而变化。不仅实现了比较精确的流量比值控制,也确保了两物料总量的基本不变;双闭环比值控制系统的提降负荷比较方便,只要缓慢地改变主流量控制器的给定值,就可以提降主流量,同时副流量也就自动跟随提降,并保持两者比值不变。

(4)变比值控制系统。有些生产过程要求两种物料的比值根据第三个参数的变化而不断调整以保证产品质量,这种系统称为变比值控制系统。从系统的结构来看,实际上是变换炉催化剂层温度与蒸汽、半水煤气的比值串级控制系统。系统中温度控制器按串级控制系统中主控制器的要求来选择,比值系统按单闭环比值控制系统的要求来确定。

第三节　油气储运产业的物联网应用

"随着科技的不断进步发展,油气储运工业物联网产业将会在未来的油气储运领域中发挥巨大的作用。"[1]油气储运工业物联网应用市场主要分为四大部分:底层传感器和仪表设备、数据采集和处理终端、网络传输设备、云平台。油气储运工业物联网应用工艺主要是智能管网,产品应用主要以项目型为主,由系统集成商或集团下属服务公司进行项目实施和设备运维。

一、油气储运工业物联网产业的安全意义

油气储运物联网产业安全是在市场经济完全开放的条件下,油气储运物联网产业能够实现产业组织和产业结构完善,提高自主产业的竞争能力,从而使产业能够良好地发展,进而促进国家现代经济更高速发展。油气储运中的油气管网可以看作国民经济的"血管",油气资源通过油气管网,源源不断地输送到全国各个需要能源的地方,这些油气管网系统里面可以输送原油、成品油、天然气等能源。伴随经济的发展,对油气资源的需求不断地上升,管道是油气最主要的运输方式之一,其重要性逐渐凸显。

油气储运行业的建设将结合"互联网+",推进智能管道建设,打造智能化管道运营模式,为行业发展指明新的发展方向,国内油气储运建设发展将会进入一个崭新的时代。油气储运行业不断发展,是中国经济快速增长的

---

[1]　陈翼德.油气储运工业物联网产业安全研究[D].北京:北京邮电大学,2020:1.

需要,也是发展的必然趋势。越是发展得快速,越是需要冷静的思考。随着油气储运在经济发展中地位变得重要,油气储运产业的安全也受到更多的重视,油气储运工业物联网应用是未来的发展趋势,也是直接能够监控油气资源在管道中传输的基础系统,与油气资源的经济战略安全及军事安全都有着最直接的关系。

油气储运工业物联网的应用虽然不直接涉及能源的产生,但是在整个能源运行体系中处在极其重要的位置,现代化油气储运的管线网络自动化程度非常高,工业物联网的发展又使得油气储运环节的设备物物相连,一旦油气储运物联网在关键时刻被别国控制或受到攻击,将会直接影响整个油气能源产业的运行,从而造成直接损失。

此外,我国的电子科技信息产业相比发达国家还是比较落后,高端电子产品和技术还不够成熟,在这种情况下,如果油气储运物联网的基础硬件产品和技术对国外依赖性过高,就容易受到别国的经济贸易威胁和技术经济制裁,从而使经济发展受到限制。油气能源与经济发展的其他领域或者国家安全保障因素的相关性非常高,是经济发展的重要基础支撑和先决条件,从这一角度来看,保障油气储运工业物联网产业安全对于国家安全和国民经济发展具有战略性意义。

二、油气储运工业物联网产业的运行分析

(一)油气储运工业物联网产业的运行主体

从微观经济学的角度来看,油气储运工业物联网产业安全体系,运行的个体是众多工业物联网领域的企业。企业是油气储运工业物联网产业安全体系中的直接载体。企业的发展现状也直接反应了产业安全的情况。油气储运工业物联网产业安全体系的运行主体就是油气储运工业物联网产业,由很多的企业个体组成,虽然每个企业都独立的,但是都不能够单独存在。企业之间虽然存在强烈的竞争关系,但是均处在同一个产业生态链体系。这些企业的集合构成了油气储运工业物联网产业的整体实力水平。

(二)油气储运工业物联网产业的运行环境

从油气储运工业物联网产业的自身角度来看,油气储运工业物联网厂商的构成和分布,以及在运行中对油气储运工业物联网产业发展产生影响

的总体情况,可以称为油气储运工业物联网产业的运行环境,其中包括经济、政治、金融、社会资源、技术等多方面因素。

从产业的外在因素力来看,经济的全球化使世界上所有国家组成一个经济生态体系,每一个国家的经济情况都会与世界总体经济有着直接的关系。我国相关部门在逐步规范油气储运工业物联网产业发展,油气储运工业物联网产业制度在不断地完善。另外,我国正在从政策上鼓励科技自主创新,支持高新技术产业发展,从而降低我国工业物联网产业在技术方面对国外市场的依赖程度。国家也对石化行业出台相关政策,力推产品国产化,从根本上加大产业自主产品或技术的行业准入,有利于油气储运工业物联网产业安全的维护。

(三)油气储运工业物联网产业的运行机制

1. 企业生态圈机制

在油气储运工业物联网产业安全体系运转的过程中,油气储运工业物联网企业位于产业链的不同层级,在产业生态圈中的传感器和仪表企业、数据采集和控制器企业、数据传输通讯企业、电信运营商、数据处理企业、云平台企业等,它们之间都存在着一定的技术经济关联,共同组成油气储运工业物联网产业宏观层面的"生态链系统"。

企业之间同领域存在着竞争合作、市场信息共享、技术交流、管理交流、知识交流等,企业之间彼此影响和竞争,有利于产品质量和技术水平的提升。企业之间纵向存在着合作共生关系,会对油气储运工业物联网产业的产业结构、产业组织、产业布局、产业生态链、产业政策等产生影响。无论是横向竞争,还是纵向合作,企业之间的相互关系直接影响油气储运工业物联网产业安全体系的稳健性。企业自身和外在条件都会促进企业之间的协同作用,从而保障油气储运工业物联网产业安全。

2. 政策规制机制

政府政策规制是指一个国家的政府对某个产业或者企业制定一些规章制度,通过提出具体的要求,来对某些因素进行限制或者调控,改善市场机制,加强对产业发展的监督和管控。油气储运工业物联网产业在运行的过程中,由于具有高端技术行业的特点,其自身发展安全应该得到更多重视。

油气能源行业在我国能源转型中扮演着非常重要的角色,因此我们需要站在国家安全的角度去看待油气储运工业物联网产业安全。为了不使产业的整体利益因个别企业的盲目行为而受影响,政府规制就起到了非常大的作用。随着经济发展,政府通过出台相关政策,鼓励科技创新,完善油气储运工业物联网行业的市场准入机制、在油气行业推行产品国产化等一系列政策措施,不断对产业规制进行加强。通过政府政策规制,对油气储运工业物联网产业市场进行统一协调,维护油气储运工业物联网产业安全,使油气储运工业物联网产业健康发展。

三、油气储运工业物联网产业的安全策略

(一)推行产品战略储备计划

为了维护油气储运工业物联网产业安全,针对油气储运工业物联网产业现状,对油气储运工业物联网每个层级应用产品做出对应国内自主品牌产品替代战略储备计划,将国内有开发实力的企业或品牌纳入战略储备计划,有针对性进行战略储备,在突发情况下可以快速启用,能够有效降低油气储运工业物联网产业安全风险。

(1)数据采集及控制器产品战略储备计划。近年来,国内数据采集及控制器产业发展很快,出现很多通过自主研发的企业,采用行业通用标准,通过不断改善技术和功能,使产品日益走向成熟。

(2)数据传输通信产品战略储备计划。当前国内工业领域核心数据交换设备已经开始展现良好态势,在功能和质量方面都有很大提升。

(3)软件平台产品战略储备计划。国内软件开发技术已经到达世界水平,随着国内软件技术不断发展,工业软件也发展迅速,自主研发的工业软件在国内总体工业市场已经占据一定比例,并且有很好的发展前景。

(二)重点推进产品研发

(1)重点推进远程终端设备产品研发。在油气长输管线的监控应用中,远程终端设备的应用非常广泛,主要用于数据终端采集、运算和数据传输,并且有良好的发展趋势。目前,在油气储运工业物联网产业中大部分远程终端设备应用来自外资品牌,对油气储运工业物联网产业来说具有很大的风险。

随着国内电子信息技术的发展,目前国内具备远程终端设备自主研发的潜力,国内已经有很多自主研发的远程终端设备产品已经上市,如北京安控、深圳宏电、厦门计讯物联等,但是适合应用于油气储运工艺的远程终端

设备却比较少,就国内油气储运工业物联网发展现状而言,远程终端设备产品研发将会是一个打破外资品牌垄断竞争很好的突破口。如果能有针对性政策支持,那么远程终端设备产品的研发速度和质量将有更好的提升,从根本上改变油气储运工业物联网产业的结构现状。

(2)重点推进软件平台产品研发。在油气长输管线的监控应用中,数据采集与监视控制系统的监控软件和平台监控软件是必不可少的,在应用中可以直接与人进行交互,实现数据可视化,方便人员操作和管理。

近年来,国内的软件行业发展突飞猛进,涌现了许多大型的软件企业,当今中国软件技术已经达到世界先进水平,高级软件开发能力已经具备,在油气储运工业物联网产业软件平台产品自主研发方面具备开发潜力。如果加大软件平台产品自主研发的投入,那么油气储运工业物联网产业软件平台产品的研发周期将会很小,在较短的时间内就可以实现应用,从而改善目前油气储运工业物联网产业软件平台几乎被外资品牌垄断的现状。

(三)创新与政策引导优化产业结构

(1)自主创新和研发。科学技术是第一生产力,科技创新才是发展的动力,我国要坚持走具有中国特色的自主创新道路,并且要贯彻实施创新驱动发展战略。工业物联网产业本身就是科技的一种表现形式,也是科技发展的结果。作为长期的战略,要鼓励企业进行自主创新和研发,并对自主创新企业给予更大力度的税收减免政策支持。国家要引导高科技产业的投资方向,使更多的资金能够投入到高科技产品研发领域。科技创新需要人才,培养高素质科技人才也是我国的首要任务,要鼓励校企研发合作,加快科技转变成果,使国内自主品牌在市场竞争中更有优势,使产业布局更加优化。

(2)政策引导。进一步推行国产化,在不影响油气储运发展的前提下,加大国内自主品牌数量和市场占有率。目前工业物联网的厂家大多有工业自动化技术背景,但是国内的工业自动化厂家多数以不同专业领域来划分,如电力、轨道交通、智能工厂等,这些领域都有技术非常强大的国内企业在做技术和产品的支持,这些不同领域的产品虽然在应用上有所不同,但是产品技术几乎是相通的。鼓励国内有技术实力的大型企业进行"跨界"也是一种途径。

结束语

　　随着新一轮科技革命和能源革命呼啸而来,碳中和的任务催人奋进。
我国油气资源开发利用与储运技术需要直面挑战,在新形势下,油气资源开
发利用与储运技术应加强科技规划和顶层设计,整合优势资源,优化完善科
技创新机制,加大科技投入力度,解决制约油气储运基础设施安全保障和高
效运行的技术难题,切实发挥科技创新在油气资源开发利用与储运技术发
展中的支撑引领作用。展望未来,中国油气资源开发利用与储运技术将朝
着安全、高效、智慧、平台方向发展。

参考文献

[1]党蕾,牛叔文,强文丽,等.能源发展指数的国际比较及政策建议[J].资源开发与市场,2022,38(6):672－678＋717.

[2]陈翼德.油气储运工业物联网产业安全研究[D].北京:北京邮电大学,2020:1.

[3]崔阳.变频游梁式抽油系统动力学及控制模式优选[D].秦皇岛:燕山大学,2013:1.

[4]国家海洋局极地专项办公室.北极地区环境与资源潜力综合评估[M].北京:海洋出版社,2018.

[5]何继江.中国能源转型路线图的思考[J].能源,2018(Z1):53.

[6]何树栋,高哲.油气储运系统节能技术分析[J].建材与装饰,2018(42):177.

[7]侯梅芳,潘松圻,刘翰林.世界能源转型大势与中国油气可持续发展战略[J].天然气工业,2021,41(12):9－16.

[8]胡文利.全球能源危机:能源转型过程中的代价[J].企业观察家,2021(10):44－45.

[9]贾承造,郑民,张永峰.中国非常规油气资源与勘探开发前景[J].石油勘探与开发,2012,39(2):129－136.

[10]江文荣,周雯雯,贾怀存.世界海洋油气资源勘探潜力及利用前景[J].天然气地球科学,2010,21(6):989－995.

[11]赖香霖,徐阳.世界能源发展趋势与中国能源安全研究[J].内蒙古煤炭经济,2021(8):63－64.

[12]李福泉.强烈现实关怀下的学术探索——评《苏丹和南苏丹石油纷争研究》[J].中东研究,2020(2):240.

[13]李强.提高油气集输系统运行效率的措施[J].化学工程与装备,2021(11):89.

[14]李学杰.北极区域地质与油气资源[M].北京:地质出版社,2014.

[15]连琏,孙清,陈宏民.海洋油气资源开发技术发展战略研究[J].中国人口·资源与环境,2006(1):66—70.

[16]刘慧,高新伟,孙瑞雪.海洋油气资源开发生态补偿的困境与对策研究[J].生态经济,2015,31(11):80.

[17]刘慧,梅洪尧,高新伟.海洋油气资源日常开发的生态补偿价值评估[J].生态经济,2018,34(11):34—39+53.

[18]刘建民,赵越,孟刚,等.北极地质与油气资源[M].北京:地质出版社,2017.

[19]刘晓天.简析油气管道运输安全设计的方法及其重要性[J].化工管理,2016(6):142.

[20]刘洋,王甲山.油气资源开发水土保持生态补偿制度的理论基础探究[J].华北电力大学学报(社会科学版),2017(5):8—12.

[21]潘凯,周淑慧,万宏,等.油气企业构建天然气低碳商业生态圈研究[J].国际石油经济,2021,29(6):24.

[22]孙凯,刘腾.北极航运治理与中国的参与路径研究[J].中国海洋大学学报(社会科学版),2015(1):1—6.

[23]仝长亮,汪贵锋,易春燕,等.海南省海洋油气资源勘探开发现状与产业发展对策[J].中国矿业,2018,27(10):70—74.

[24]王建强.探测海洋油气资源之路[J].自然资源科普与文化,2021(4):20.

[25]王淑玲,姜重昕,金玺.北极的战略意义及油气资源开发[J].中国矿业,2018,27(1):20.

[26]吴青."双碳"目标下海洋油气资源高效利用的关键技术及展望[J].石油炼制与化工,2021,52(10):46—53.

[27]奚源.中国参与北极资源开发战略研究——基于渐进决策理论的视角[J].理论月刊,2017(7):171.

[28]谢晓光,杜晓杰.北极航运安全治理:多层治理、治理困境与路径选择[J].中国海洋大学学报(社会科学版),2022(3):68—77.

[29]张福祥,郑新权,李志斌,等.钻井优化系统在国内非常规油气资源开发中的实践[J].中国石油勘探,2020,25(2):96—109.

[30]张耀光,刘岩,李春平,等.中国海洋油气资源开发与国家石油安全

战略对策[J].地理研究,2003(3):297—304.

[31]仲生.北极航运:高商业价值下不可忽略的安全风险[J].中国远洋航务,2013(10):50—51.

[32]朱伟林,王志欣,吴培康,等.环北极地区含油气盆地[M].北京:科学出版社,2013.